sériephoto

OUVRAGE RÉALISÉ PAR

RÉPONSES PHOTO

AUTEUR
Ivan Roux

RÉALISATION
Edire

PHOTOS
Ivan Roux.
Couverture: Irina Bogolapova.

REMERCIEMENTS
aux modèles et assistants: Alix, Amélie, Anne, Elfira, El Hadj, Kiara, Manuel, Marie-Anne, Nicolas, Nina, Philippe (pour son aide et sa relecture attentive), Rebecca et Sandrine

FABRICATION
Agnès Chatelet

ISBN: 978-2-212-67454-5
Groupe Eyrolles
61, Bd Saint-Germain
75240 Paris Cedex 05
www.editions-eyrolles.com

NOTRE STUDIO PHOTO... COMME SI C'ÉTAIT LE VÔTRE!

Durant deux mois, le salon familial s'est transformé, presque chaque jour, en studio photo. Se mettre en conditions réelles, telle est la **première promesse** de ce guide pratique. Nous avons poussé les meubles, déballé le matériel, monté le stand de fond, suspendu les toiles, déplié les pieds des flashs, fixé ces derniers, ajouté les modificateurs, placé l'appareil et ouvert la porte aux modèles et assistants. Après avoir servi les cafés, il a fallu créer l'éclairage, régler la puissance des éclairs et les paramètres d'exposition, puis nous avons shooté, encore et encore. Toujours dans la bonne humeur, les rires, avec un fond musical apaisant.

L'intégralité de cette expérience passionnante est contenue dans ce guide, c'est notre **deuxième promesse**. Tout au long, nous avons suivi une méthode progressive, en nous mettant à la place du débutant qui souhaite maîtriser la photo de studio, et en insistant particulièrement sur la création des éclairages, aspect fondamental de cette discipline.

Notre **troisième promesse** concerne la pédagogie. Elle se fonde sur des exemples de shootings en accordant le maximum de place aux photos et infographies. Ici, ni explication théorique rébarbative, ni jargon: les notions à connaître sont abordées en termes simples, compréhensibles par tous.

Enfin, toutes les photos (à part celles de quelques accessoires photos) ont été réalisées spécialement pour ce guide avec plaisir et passion.

Bonne lecture!

Dépôt légal : juin 2017
Imprimé en Espagne
par Rotocayfo - Impresia Iberica
08130 Santa Perpetua
de Mogoda - Barcelone

SOMMAIRE

À DÉCOUVRIR DANS CES PAGES

PREMIÈRES PHOTOS EN STUDIO

Dans ce premier chapitre, nous allons nous plonger dans le bain doucement, sans déployer les grands moyens. Un appareil, un trépied pour le caler fermement, des fonds à base de cartons, puis un vrai stand recouvert d'une toile et un éclairage constitué d'une torche de lumière continue. Le but: réaliser une première série de shooting, histoire de découvrir les problèmes courants et apprendre à les régler. Le plus important d'entre tous est la qualité de l'éclairage et sa faible puissance par rapport à celle d'un éclair de flash. Ce qui impose des réglages d'exposition particuliers.

LES MULTIPLES AVANTAGES DU STUDIO PHOTO...

Être tranquille, prendre le temps de régler l'éclairage et diriger le modèle sans se soucier d'un arrière-plan disgracieux, voilà quelques bonnes raisons de travailler en studio.

1 LE SUJET EST DISPONIBLE, IL NE VA PAS S'ENVOLER

On pourrait tout de suite rétorquer qu'un sujet peut être disponible en dehors d'un studio photo, par exemple dans un bar, une fête, un mariage ou ailleurs. Sauf que, par exemple, les mariés voudront bien se prêter à une ou deux séances photo posées mais, en dehors de ces créneaux, il faudra leur courir après parce qu'ils n'ont pas que ça à faire. S'il s'agit d'objets, certes ils sont immobiles mais, cette fois, le contexte peut déranger, notamment sur un site touristique bondé de visiteurs dont vous aurez sans doute quelques silhouettes en prime sur vos clichés. En studio, le sujet est là pour être photographié. Pas de foule, pas d'horaire d'ouverture et de fermeture, pas de dérangement, sauf le mobile qui sonne…

2 LE PHOTOGRAPHE A TOUT SON TEMPS

Le shooting en studio partage un avantage avec la photo de paysage. En effet, ce dernier est figé, il ne gesticule pas comme un enfant de trois ans, et on n'a encore jamais vu la tour Eiffel partir en courant. En studio, c'est pareil : le sujet ne bouge pas, du moins il est plus facile à immobiliser. En somme, nous avons le temps de préparer les prises de vue. L'attitude du sujet est prévisible.

3 LA POSITION DES ÉCLAIRAGES PEUT VARIER FACILEMENT

Puisque nous avons le temps, nous pouvons placer tranquillement l'éclairage autour du sujet jusqu'à obtenir l'effet souhaité, réaliser des variantes, sans obliger le sujet à se déplacer. En extérieur, l'affaire s'avère plus délicate, on fait en fonction de la position du soleil, des murs, et il apparaît toujours un détail qui dérange à l'arrière-plan.

4 LE CHOIX DES TYPES DE LUMIÈRE EST VASTE

Liberté totale de créer l'éclairage autour du sujet, mais également possibilité de l'adapter en fonction de l'atmosphère à restituer. Ici, nous placerons une grande boîte à lumière diffusant un éclairage doux, là un spot, là

Quel appareil photo ?

En photo de reportage ou sport, on a intérêt à utiliser du matériel résistant. En studio, ce n'est pas nécessaire, et on peut même se contenter d'un appareil d'entrée de gamme, notamment du fait qu'on travaille avec une bonne quantité de lumière, donc pas de risque de monter en sensibilité et d'obtenir une image bruitée. Le plus important est de disposer d'optiques de qualité. Cela étant, qui peut le plus peut le moins : un boîtier plein format est le bienvenu.

Une mise en place classique permet d'obtenir rapidement un résultat correct en intérieur.

encore un réflecteur permettant de remplir les ombres de l'éclairage principal. De plus, nous pouvons modifier l'intensité de chaque lumière. Cet aspect fondamental en studio va occuper une bonne partie de ce guide.

5 ON PEUT RÉALISER DES MISES EN SCÈNE

Puisque notre sujet est docile et dévoué et que nous avons le temps de la séance, pourquoi ne pas en profiter pour raconter une histoire photographique à l'aide d'accessoires tels que vêtements et décors? Nous pouvons même simuler le vent dans les cheveux à l'aide d'un ventilateur ou d'un sèche-cheveux. Une fillette deviendra princesse, la belle-mère une sorcière, vos copains des joueurs de poker... Les deux photos ci-contre montrent la même bestiole fabriquée à l'aide de feuilles et de végétaux dans deux ambiances différentes. Le décor est en fait constitué de feuilles de choux éclairées différemment.

6 CONTRÔLER LES PRISES AVEC UN ORDINATEUR CONNECTÉ

Les appareils actuels peuvent être reliés en Wi-Fi (sinon par câble USB) à un ordinateur qui peut piloter l'appareil et afficher les photos en direct. En studio, c'est pratique.

7 IL NE PLEUT JAMAIS ET IL Y A DES PRISES ÉLECTRIQUES

Renoncer à une sortie photo parce qu'il pleut des cordes, hé oui, ça arrive malheureusement. Alors, pour se consoler, il y a le studio photo, toujours au sec.

En studio ou sur un coin de table, on a le temps de modifier une ambiance en déplaçant un flash et en ajoutant un filtre coloré.

... ET LES INCONVÉNIENTS

MOBILISER UNE PIÈCE CHEZ SOI

Si vous avez une pièce libre à consacrer à vos loisirs, tant mieux! Vous pouvez la transformer en studio photo et y laisser le matériel en place. Sinon, il faudra squatter un endroit – le salon! –, mais tout déballer le matin et remballer le soir. Avec de l'expérience, ça prend quand même, au minimum, un bon gros quart d'heure.

DIFFICILE DE RECRÉER LA PLAGE

À moins de vouloir créer de toutes pièces la baie de Rio dans 12 m², un grand nombre de shooting sont exclus en intérieur : sport, paysage, animaux sauvages, etc.
Pour l'anecdote, nous avons assisté à une séance en studio où le photographe avait dû faire venir trois tonnes de sucre afin de récréer une ambiance de neige (le client y tenait). C'était une époque où Photoshop n'était pas encore né.

ÉTAPES D'UNE SÉANCE DE PRISE DE VUE

Pour mener à bien une séance photo en studio, il est conseillé d'effectuer les opérations dans un ordre précis... et logique.

Quel que soit le sujet à photographier, modèle ou nature morte, nous devons réaliser plusieurs opérations différentes : la composition qui consiste à mettre en place le sujet. Puis nous positionnons l'arrière-plan. Ensuite seulement, nous plaçons le boîtier et assurons le cadrage. Ce n'est qu'en dernier lieu que nous illuminons la scène en ne positionnant d'abord qu'un seul éclairage…

1 MISE EN PLACE DE LA SCÈNE

Nous commençons toujours par disposer les éléments qui composent le sujet, tels que nous souhaitons qu'ils apparaissent dans la photo finale. Ici, nous les avons posés sur un support de carton noir et avons installé un autre carton noir en guise de fond. Puis nous avons installé le boîtier devant sur trépied et avons cadré.

2 INSTALLER L'ÉCLAIRAGE PRINCIPAL

Le spot de lumière continue a été positionné en hauteur et sur le côté droit à environ 45°. Le spot étant équipé d'un variateur, nous avons dosé l'intensité de la lumière. Puis nous avons placé un coupe-flux (carton fixé avec deux pinces) sur le côté de manière à ne pas éclairer l'arrière-plan.

4 s, f:14, 200 ISO, 50 mm, spot halogène

3 AJUSTER LES PARAMÈTRES D'EXPOSITION ET SHOOTER

Enfin, au bout d'une dizaine de minutes, tout est en place. Avant tout, nous avons fait la mise au point. Il reste à choisir les paramètres d'exposition. Plusieurs possibilités : nous optons pour une grande profondeur de champ en fixant l'ouverture à f:14. Sans cela, les trois plans correspondant aux objets ne peuvent pas être nets simultanément. La sensibilité est d'abord fixée à 100 ISO, mais le temps de pose devient très long. Nous passons à 200 ISO, ce qui donne un temps de pose de 4 s. Dernier contrôle dans le viseur, ajustement précis du coupe-flux, nous passons en mode déclenchement différé de 2 s, et nous faisons une série de clichés avec contrôle sur écran LCD et petits ajustements.

CHANGEMENT DE FOND ET DE TYPE D'ÉCLAIRAGE

1 NOUVELLE MISE EN PLACE AVEC CHANGEMENT D'ARRIÈRE-PLAN

Une composition aussi simple peut être rapidement modifiée. Nous décidons d'échanger le fond noir contre un fond blanc. L'opération est menée en quelques secondes. Ce coup-ci, nous n'avons pas besoin de placer un coupe-flux pour ne pas éclairer le fond (voir pages précédentes). Au contraire, nous souhaitons qu'il soit illuminé pour que le sujet "flotte" dans une ambiance claire.

1

2 REPOSITIONNER L'ÉCLAIRAGE PRINCIPAL

Par rapport à la composition sur fond noir des pages précédentes, l'éclairage est déplacé. Nous le plaçons près du boîtier, presque dans l'axe perpendiculaire à la scène, et toujours en hauteur. De ce fait, les ombres projetées par les tasses et la cafetière n'apparaissent pas dans le champ, elles sont masquées.
En revanche, nous n'échappons pas aux petites ombres de côté, ce qui n'est pas du tout gênant. Enfin, nous avons troqué l'éclairage halogène du setup précédent pour une lampe à LED dont l'intensité est réglable. Elle est quasiment au maximum ici.

2

1/2 s, f:14, 200 ISO, 50 mm, panneau LED

3 RÉGLAGES DE L'EXPOSITION ET VÉRIFICATIONS

En changeant de fond, nous gagnons en lumière, le blanc réfléchissant beaucoup. Du coup, sans modifier la sensibilité (200 ISO) et l'ouverture (f:14), le temps de pose passe à 1/2 s. L'éclairage LED est un meilleur choix que l'halogène, ne serait-ce que parce qu'il consomme beaucoup moins et ne chauffe pratiquement pas. Remarquez les ombres situées derrière les objets, nous ne les voyons pas sur l'image finale.

TOUJOURS PENSER À VÉRIFIER

■ Chaque fois que la mise en place est modifiée, il faut vérifier l'éclairage et parfois changer les paramètres de prise de vue.

MATÉRIELS ET ACCESSOIRES POUR DÉBUTER

Ce sont de précieux collaborateurs dont on ne peut pas se passer à un moment ou à un autre. Voici les indispensables... la liste n'est pas exhaustive.

Quelles différences y a-t-il entre "matériel" et "accessoire" ? Le matériel est absolument obligatoire : ce sont le boîtier et l'éclairage sans lesquels pas de photo. Les accessoires, eux, viennent prêter assistance au photographe pour poser un spot sur pied, permettre de bien maintenir à l'aide de pinces le rouleau de papier qui tient lieu de fond, sans oublier l'incontournable "Gaffer", rouleau adhésif qui, à lui seul, intervient dans de multiples situations.

Cette pince en plastique existe en plusieurs tailles. On la trouve dans les magasins de bricolage. Elle sert notamment à fixer les fonds sur la barre horizontale de support, et à maintenir des morceaux de carton, par exemple pour couper le flux lumineux.

Le trépied supporte le boîtier, mais pas uniquement. Il en faut aussi pour visser les flashs Cobra ou des panneaux LED. Il existe des modèles pas chers à utiliser pour les flashs, réservez un modèle solide pour l'appareil

L'adhésif permet, entre autres, de fixer des câbles au sol pour éviter de se prendre les pieds dedans. Ou à maintenir un élément de décor... temporairement

■ Pensez à vous équiper en rallonges et en multiprises. C'est fou le nombre d'accessoires nécessaires en studio.

Ces deux filtres blancs et orange viennent se fixer devant le panneau LED à l'aide de petits aimants. Ils servent de diffuseurs, l'orange réchauffe la couleur froide des LED.

Le panneau LED assure un éclairement acceptable mais moins qu'un flash. Il permet de voir l'éclairage pendant la séance, mais il éblouit le modèle. Les LED chauffent peu, beaucoup moins que les halogènes, qui transforment le studio en four.

La lampe halogène chauffe énormément, consomme beaucoup et est dangereuse à manipuler. Ne jamais la laisser allumée sans surveillance.

Le variateur permet de doser l'intensité d'un éclairage continu. Attention, son usage modifie la couleur de l'éclairage. Il se branche entre une rallonge électrique et le boîtier lui-même. Se trouve dans les rayons bricolage.

Les fonds existent en tissu, plastique, carton, papier et en différents coloris : blanc, noir, gris (notre préféré), couleur et motif. Les tissus se plient mais se froissent, les papiers s'enroulent, se tendent mieux mais sont fragiles.

COMPOSITION DE GRANDE TAILLE AVEC FOND ET ÉCLAIRAGE CONTINU

Dès qu'une composition occupe du volume, les soucis surgissent à cause de la place limitée dans la pièce et du manque de recul. Avec un peu d'astuce, on finit par y arriver.

Les précédents setup tenaient sur une simple table, avec deux morceaux de carton en guise de socle et d'arrière-plan. Ce coup-ci, nous devons déployer un grand fond de 3 m de large et jusqu'à 6 m de long. Nous ne serons pas très techniques dans les explications, il s'agit de montrer la faisabilité de la mise en place pour ceux d'entre vous qui seraient découragés d'avance. Le montage a pris une vingtaine de minutes, le démontage deux fois moins.

1 MONTER LE STAND DE FOND

Le stand se compose de deux trépieds munis chacun d'une tige télescopique qui monte jusqu'à 2 m. Une fois les pieds posés, nous plaçons dessus une barre transversale dont la longueur est réglable. Ensuite, ou avant, il nous faut déplacer les meubles. Pensez à les munir de patins, du moins pour les meubles lourds. Ça aide vraiment.

2 FIXER LE FOND SUR LE STAND

Il existe différents types de fonds, en tissu ou en papier. Le papier présente l'avantage de donner une surface lisse et bien tendue une fois posée, mais il risque de se déchirer au cours de la séance. En principe, on ne l'utilise qu'une fois. Avec le tissu, c'est l'inverse : il se froisse facilement, est difficile à tendre rapidement surtout quand la surface est grande. Il se salit aussi mais s'avère nettement plus solide. Concernant la teinte, s'il n'y en a qu'une à choisir, c'est le gris. Son usage est universel. Nous verrons plus loin qu'avec un éclairage au flash, il est possible d'obtenir différentes teintes à partir du gris.

3 UTILISER DES PINCES

Les pinces sont des accessoires indispensables et servent à toutes sortes de choses. Ici, elles permettent de maintenir le fond de toile solidement sur la barre.

4 LE PANNEAU DE LED

Il n'a pas la puissance d'un flash, loin de là et cela s'est ressenti. Du coup, nous avons conservé l'éclairage de la fenêtre. La photo finale n'aura pas exactement le cachet que nous imaginions.

1

2

3

4

5 MISE EN PLACE ET SHOOTING

Une fois les objets placés, il nous faut construire un éclairage. Nous avons opté pour un éclairage unique placé au-dessus du manche, à une vingtaine de centimètres. Problème : la tête et les mécaniques sont trop éclairées. Nous avons tourné la torche jusqu'à obtenir un résultat correct. Enfin, nous plaçons le boîtier sur trépied et réglons l'exposition. 1 s, f:16, 200 ISO et 18 mm. Nouveau souci : le cadre trop large ne couvre pas le fond. Nous l'étirons et Photoshop s'occupera de noircir les petites parties visibles sur les côtés.

6 LE RÉSULTAT...

Perfectible à cause du manque de lumière du panneau LED. Avec des flashs déportés ou de studio, nous aurions pu mieux contrôler l'ensemble.

À DÉCOUVRIR DANS CES PAGES

NOTIONS DE BASE SUR LA LUMIÈRE

Nos yeux s'adaptent beaucoup mieux qu'un appareil face aux changements de lumière, ce qui fausse notre jugement sur l'éclairement d'une scène. Nous le montrons à l'aide de mesures de luminance en extérieur puis en intérieur. La lumière répond également à des lois optiques – celle du carré inverse – qui vont nous être très utiles quand nous devrons créer les éclairages en studio. S'il n'est pas le plus "fun", ce chapitre ne doit pas être ignoré. Il résume les principales notions théoriques, vérifiées concrètement. Ce sont les bases que vous appliquerez instinctivement à force de pratiquer.

IL VA FALLOIR BEAUCOUP DE LUMIÈRE EN STUDIO !

Le soleil filtré par les nuages offre une lumière abondante, très largement supérieure à celle de l'éclairage en intérieur. Voici quelques mesures pour s'en convaincre.

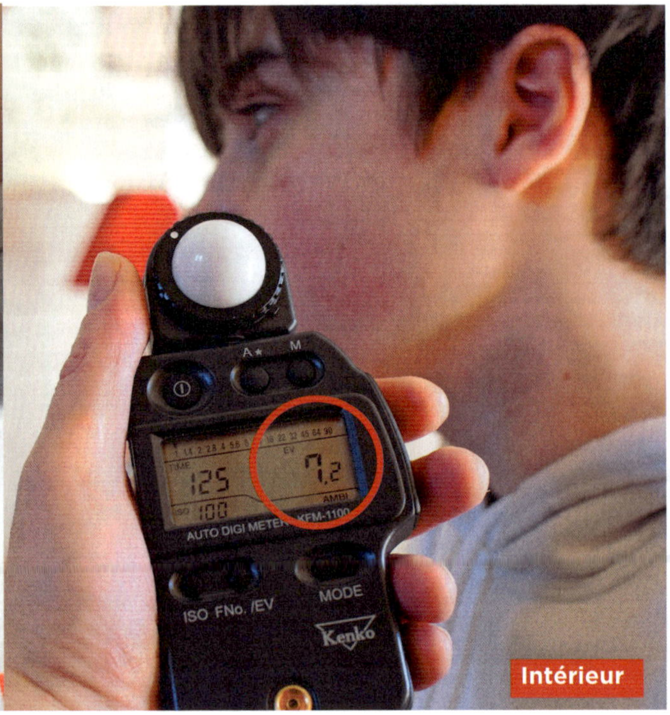

À gauche, le posemètre placé au soleil indique une ouverture de f:14. Avant de prendre la mesure de la lumière, nous avons fixé les valeurs de sensibilité à 100 ISO et le temps de pose à 1/125 s. À droite, nous avons refait la mesure, cette fois en intérieur dans une pièce uniquement éclairée par une fenêtre. Résultat : pour obtenir une exposition correcte, nous devons appliquer une ouverture de f:7. Grosso modo, dans notre exemple, il y a cinq fois moins de lumière dans la pièce que dehors.

ŒIL ET APPAREIL PHOTO

Lorsque nous sortons d'une maison, nos yeux sont parfois éblouis par la lumière du jour, surtout en été. Rapidement, ils s'accommodent à l'éclairage, le phénomène inverse s'observant aussi quand nous pénétrons dans un intérieur. L'appareil photo, lui, n'a pas cette capacité d'accommodation, nous devons le régler d'une manière ou d'une autre, afin qu'il expose correctement le sujet. Nous verrons, au cours de ce guide, les différentes façons de compenser le manque de lumière en intérieur – plus précisément en studio. Ici, nous avons voulu mesurer concrètement la différence entre éclairage extérieur et intérieur, histoire d'en évaluer l'ampleur. Elle est de taille !

FAITES L'EXPÉRIENCE

L'expérience est simple à mener. Nous avons utilisé un posemètre, mais il est possible d'employer directement l'appareil photo. Un premier cliché est pris en extérieur, nous notons les paramètres d'exposition. Puis, nous réalisons le même cliché en intérieur, en conservant la même sensibilité et la même ouverture (ou bien le temps de pose). Ainsi, un seul paramètre varie en fonction de l'éclairement. En comparant les deux valeurs de ce paramètre, nous pouvons calculer la différence de luminosité.

QUE DIT LA LOI ?

La loi est simple : la quantité de lumière reçue par l'appareil, via l'objectif, diminue de moitié quand le temps de pose est divisé par deux et, réciproquement, elle double quand le temps de pose double. Dans les exemples de la page suivante, la durée d'exposition est passée de 1/80 s dehors à 4 s.
En intérieur, l'auto a reçu environ 9 fois moins de lumière ! Voilà pourquoi, en studio, il va falloir "arroser" abondamment nos sujets, pour les exposer correctement en simulant l'abondance du soleil, et même de plusieurs ! Et une simple lampe de séjour n'y suffira pas, il faudra s'équiper de vrais éclairages puissants.

Dehors : 100 ISO, f:8 et 1/80 s

EN STUDIO, ON RÉGULE LES QUANTITÉS DE LUMIÈRE

Vous conviendrez qu'il est utopique de dire au soleil : "Place-toi ici, tourne-toi, éclaire un peu plus, va me chercher quelques nuages…". C'est lui qui commande ! Le problème se pose également dans les lieux publics où il faut composer avec les éclairages en place. Les photographes de concert ne le savent que trop. Les salles sont plongées dans la pénombre, seule les scènes sont illuminées avec des musiciens pas toujours statiques. Les photographes ne peuvent même pas s'aider de flash dont la portée reste courte, d'autant plus s'ils se trouvent loin de la scène. En studio, au contraire, le photographe peut contrôler avec précision, non seulement l'emplacement des éclairages par rapport au sujet, mais aussi leurs qualités et leurs puissances. Cette liberté d'action en entraîne une autre : celle de choisir les paramètres de prise de vue (sensibilité, ouverture et temps de pose) selon le résultat escompté.

PAS DE PROBLÈME DE SENSIBILITÉ

Il y a au moins un paramètre de prise de vue qui ne pose pas de problème en studio : la sensibilité. Rappelons qu'elle agit sur la capacité du capteur du boîtier à traduire en valeurs numériques les photons recueillis par les photophores. Le souci, c'est que plus la sensibilité s'élève – c'est le cas pour des scènes sombres –, moins bonne est la photo à cause de l'apparition du "bruit" numérique. Il est donc préférable – même avec un excellent boîtier – de la fixer à sa valeur la plus basse. Au studio, c'est toujours possible, alors autant ne pas s'en priver. Donc, première chose à faire : fixer la valeur à 100 ISO, pas plus. On pourra toujours augmenter un peu si nécessaire, sans aucun risque. Quant aux autres paramètres, nous allons en reparler en détail.

En intérieur : 100 ISO, f:8 et 4 s

Pour que l'auto apparaisse exposée pareillement en extérieur et en intérieur, il a fallu augmenter le temps de pose à 4 secondes en intérieur et fixer le boîtier sur trépied.

L'ÉCLAIREMENT DIMINUE TRÈS VITE EN ÉLOIGNANT LE SPOT DU SUJET

L'emplacement d'un éclairage influe sur la quantité de lumière qui illumine le modèle. Plus la distance est importante, moins le sujet est éclairé, et plus rapidement qu'on ne le pense.

Vrai pour tous les éclairages

La perte rapide de puissance lumineuse selon la distance s'applique quel que soit le type d'éclairage : Led, halogène, flash, bougie.

Dans la vie courante, nous savons que pour bien éclairer un objet, il faut approcher une lampe. Par exemple, pour lire le soir confortablement, la lampe de chevet est proche, pas à l'autre bout de la chambre. Et si nous l'approchons, c'est aussi parce que l'ampoule n'est pas très puissante (on ne veut pas être aveuglé). Elle donne son maximum à quelques centimètres.
En photo en général, et en studio en particulier, le fait d'approcher ou de reculer une source de lumière (spot ou flash), modifie l'illumination du sujet. Intuitivement, on serait tenté de penser qu'en reculant la source, située à 1 m, de 1 m en arrière – ce qui correspond à doubler la distance au sujet – on ne perdrait que la moitié de la lumière. En réalité, on perd beaucoup plus que ça.

EN DOUBLANT LA DISTANCE, ON PERD TROIS-QUART DE LUMIÈRE

La photo ci-dessous montre que la perte de puissance lumineuse est très rapide plus on s'éloigne de la source. Nous avons photographié une plaque de carton blanc éclairé uniquement par une lampe Led placée au bord. À 1 cm de la Led, la plaque est bien éclairée mais la lumière a déjà baissé par rapport à la source ; à 2 cm, la lumière a perdu 75 % par rapport à 1 cm et ainsi de suite. Pour être plus formel, la loi s'exprime ainsi : l'éclairement est proportionnel à l'intensité de la source lumineuse divisé par le carré de la distance. $E = i / d^2$. (À noter que cette loi du carré inverse s'applique à bien d'autres domaines, notamment à la gravitation).

CONSÉQUENCES PRATIQUES À LA PRISE DE VUE

Déjà, on comprend mieux pourquoi un sujet placé près du boîtier et shooté au flash apparaît très éclairé par rapport à l'arrière-plan, même si ce dernier n'est pas forcément éloigné (l'effet "fromage blanc").
Ensuite, on peut remarquer (ci-dessous) qu'entre 5 cm et 6 cm, la différence de lumière est faible par rapport à l'écart entre 1 et 2 cm. Loin de la source, la perte de lumière devient moins importante. Ceci explique pourquoi il faut éloigner le sujet de l'arrière-plan, si l'on souhaite qu'il s'en détache, ce qui reste vrai même si l'arrière-plan est clair, comme un fond blanc. Enfin, on comprend aussi la nécessité d'employer plusieurs éclairages répartis dans la scène, de les diriger vers les parties à éclairer, tout en pensant à doser leurs puissances.

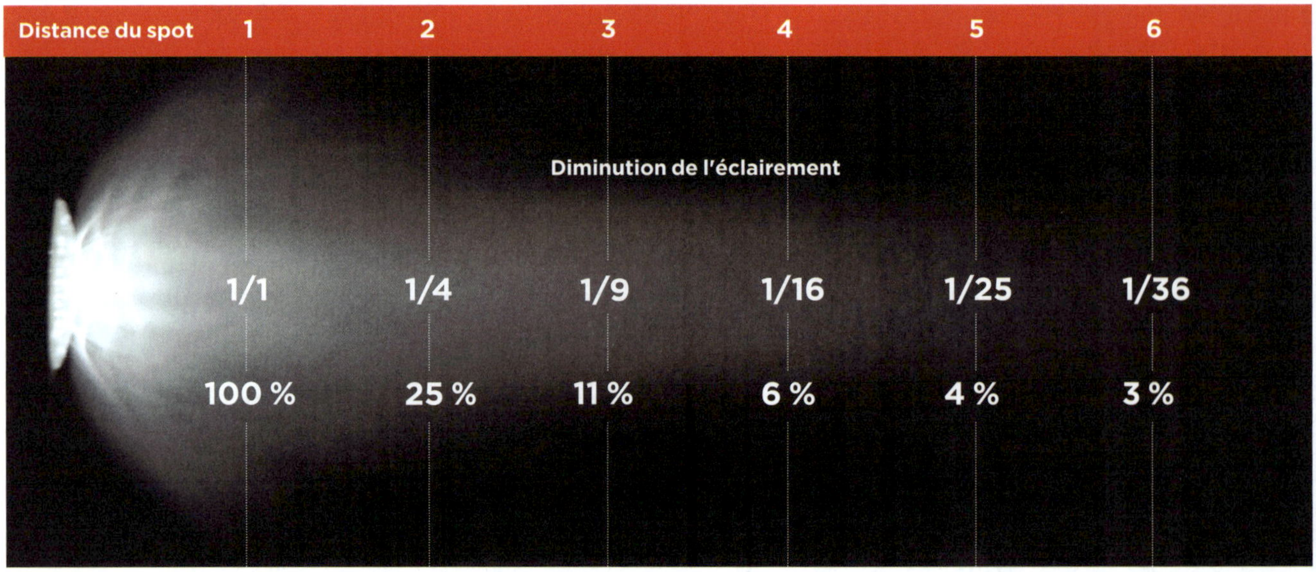

VÉRIFICATION EN IMAGES DE LA LOI DU CARRÉ INVERSE

Nous avons éclairé Rita (notre modèle en plastique) avec une lame halogène de 120 W placée en hauteur et face au modèle. À 1 mètre, l'exposition nous donne 1/20 s, f:2.8 et 400 ISO. Nous avons conservé ces valeurs pour les deux autres essais ci-dessous. Le boîtier n'a pas bougé. Nous avons simplement reculé l'éclairage sur pied.

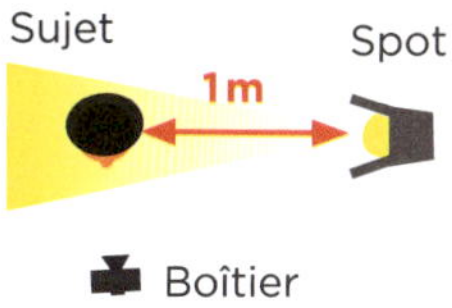

Une fois l'éclairage reculé de 1 mètre, nous avons shooté avec les mêmes paramètres d'exposition que précédemment.
On remarque une nette perte de lumière de 75 % (il reste 25 % par rapport à la distance de 1 m). Notons aussi que l'arrière-plan est devenu plus foncé.

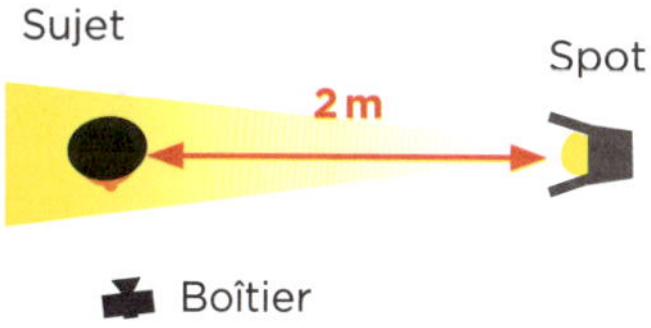

Rebelote, nous avons de nouveau reculé le spot halogène de 1 m. L'image apparaît nettement sous-exposée, cette fois l'intensité lumineuse est 9 fois moindre que dans le premier cliché.

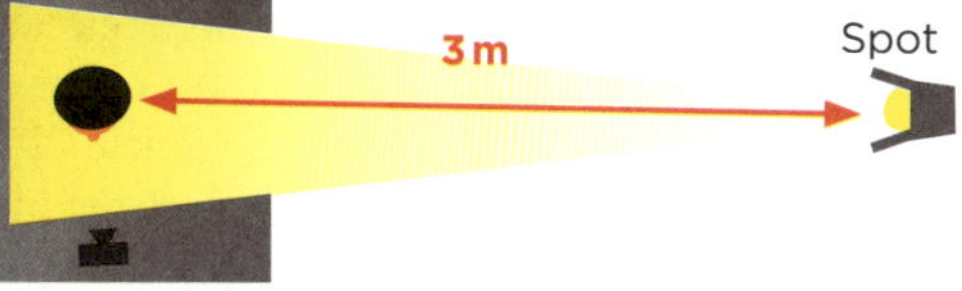

QUELLE DIFFÉRENCE ENTRE LUMIÈRES DOUCE ET DURE ?

En photo, la lumière est "douce" quand elle ne génère pas d'ombres. Cette caractéristique dépend de la taille de la source lumineuse par rapport à celle du sujet.

Pour être tout à fait clair

La douceur de la lumière dépend de la taille de l'éclairage par rapport à celle du sujet, permettant d'adoucir la transition entre parties claires et sombres. Mais, en prise de vue, il faut tenir compte d'autres paramètres pour modeler la lumière : son intensité, sa distance et son emplacement par rapport au sujet. Par exemple, si la source est située à côté de l'appareil, il y aura moins d'ombres sur le sujet, mais là où il y en a, elles seront plus estompées en fonction de la surface de l'éclairage. Pas si simple...

Après avoir vu comment l'éclairement diminue à mesure que le sujet est éloigné de la source lumineuse, voici une autre caractéristique importante à connaître et qui n'est pas si intuitive que ça. Par exemple, un soir de pleine lune bien visible, la lumière est-elle douce ou dure ? On serait tenté de dire qu'elle est douce parce qu'il fait sombre. Or c'est le contraire : en réalité, la lumière de la lune est dure. En effet, si nous observons attentivement la scène, nous remarquons que la lune projette des ombres nettes au sol et sur les objets. Le même phénomène apparaît de jour quand il n'y a pas de nuages. Curieux. Qu'y a-t-il de commun à ces situations ? Dans les deux cas, les astres, la lune et le soleil, sont très éloignés de nous. Ils peuvent être modélisés par de petites lampes perchées là-haut, éclairant très puissamment. Supposons qu'il n'y ait pas de

Exemple de lumière dure. Si ce jeune avait été assis quatre marches plus haut, il aurait été mieux éclairé, sans ces ombres très marquées.

murs réfléchissants autour du sujet. Alors, la lumière arrive en ligne droite et vient, de ce fait, illuminer uniquement les parties du sujet exposées aux rayons lumineux avec une transition nette entre parties éclairées et ombres. On parle, dans ce cas, de "lumière dure", comme dans la photo ci-dessus où les ombres apparaissent marquées sur le sujet et autour de lui.

LA LUMIÈRE DOUCE

À l'inverse, quand le ciel est nuageux, les ombres s'estompent progressivement. La transition entre partie éclairée du sujet et ses ombres est plus "douce". Nous obtenons ce même résultat dans une grande salle éclairée par de nombreux lustres. Cette fois, nous pouvons comparer les nuages et les lustres comme des diffuseurs de lumière de très grandes surfaces par rapport au sujet.

ALORS, QUELLE EST LA RÈGLE ?

D'un côté, la lumière dure est créée par des sources de petites surfaces par rapport au sujet ; de l'autre, la lumière douce est générée par de grandes surfaces lumineuses, qu'elle soit directe (lustres) ou filtrée par la couche nuageuse. C'est précisément la taille de la source lumineuse par rapport à celle du sujet qui explique le phénomène "doux/dur". Le type d'éclairage (soleil, lune, lampe LED, flash) et son intensité n'interviennent pas.

ESSENTIEL À MAÎTRISER EN PHOTO DE STUDIO

Cette règle va nous servir énormément en studio où nous allons modeler l'éclairage en interposant de grands panneaux diffuseurs entre les sources et le sujet, pour augmenter la surface éclairante. Nous penserons aussi à approcher du sujet un spot recouvert de son diffuseur blanc translucide pour augmenter la surface illuminante.

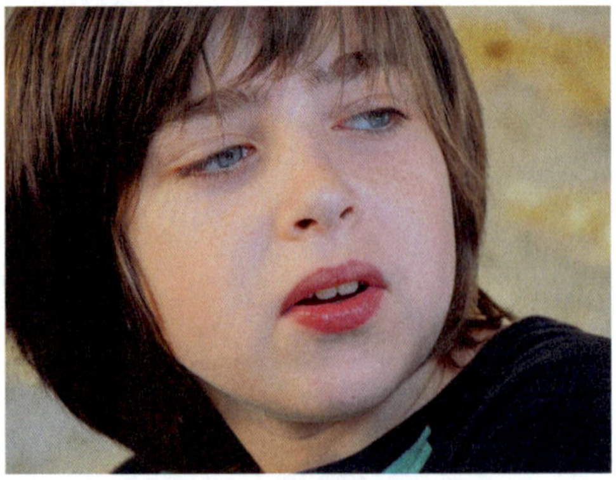

Le même jour, le même jeune ailleurs. La lumière arrive de partout, elle éclaire son visage sans marque d'ombre.

PLUS DE DOUCEUR QUAND LA TAILLE DE L'ÉCLAIRAGE AUGMENTE

■ L'expérience est simple à réaliser. Le mannequin est éclairé par un spot de bar situé à 80 cm au-dessus. Dans un premier temps, nous avons placé un papier calque tout près du spot **(A)**. Ce calque fait office de diffuseur (il répartit la lumière du spot). Puisqu'il est proche du spot, sa tache lumineuse reste petite, à peine plus grande que la surface éclairante du spot. Nous prenons un premier cliché. Puis, nous déplaçons le calque plus bas, cette fois juste au-dessus du mannequin **(B)**. La tache lumineuse, à travers le calque, devient beaucoup plus grande, le calque jouant à plein son rôle de diffuseur. Nous prenons un second cliché. Nous remarquons que les transitions entre parties claires et sombres sont beaucoup plus progressives sur le mannequin en **(B)** qu'en **(A)**. Précisons que les paramètres de prises de vue sont strictement identiques, mais le mannequin paraît mieux éclairé en **(B)** qu'en **(A)**, ce qui est normal parce que le diffuseur étale mieux les rayons lumineux qui atteignent, à leur tour, davantage de surface du mannequin.

CHANGER LES COULEURS AVEC DU GRIS NEUTRE ET/OU DANS LIGHTROOM

Une majorité d'éclairages artificiels n'éclaire pas en blanc, de plus les boîtiers interprètent aussi les couleurs. Voici une méthode permettant de régler le problème vite fait.

Les lumières ont une couleur, pas la peine d'aller en boîte de nuit pour s'en apercevoir. En photo, il est nécessaire d'en tenir compte sans quoi on risque de se retrouver avec des clichés aux teintes farfelues.

COMMENCER LE SHOOTING AVEC UNE RÉFÉRENCE GRIS NEUTRE

Une fois que tout est en place pour la séance de studio, vérifiez que vous êtes en balance automatique des couleurs (WB auto). Demandez au modèle de tenir un carton gris neutre comme sur la photo ci-dessus. Ce type de carton se trouve facilement sur Internet et dans les boutiques spécialisées. Vous pouvez même en fabriquer un en imprimant du gris via un logiciel de graphisme. Le gris correspond à des valeurs identiques de rouge, vert et bleu, par exemple 127,127,127. Ensuite, prenez un cliché avec le carton en évidence. Cette photo servira de référence. Vous pouvez ranger le carton et faire votre shooting. Si vous modifiez l'éclairage, il faut refaire une prise avec le carton.

EN POST-TRAITEMENT

Deuxième partie : vos photos apparaissent dans Lightroom. Choisissez celle qui contient la charte grise neutre (c'est ainsi qu'on nomme le carton). Puis, cliquez sur la pipette à gauche dans le panneau Température, placez-la sur le carton et cliquez. Lightroom va traduire en gris le carton et tout le reste de l'image sera corrigé. Il reste à noter la valeur de température (en Kelvin) et à la reporter sur les autres photos.

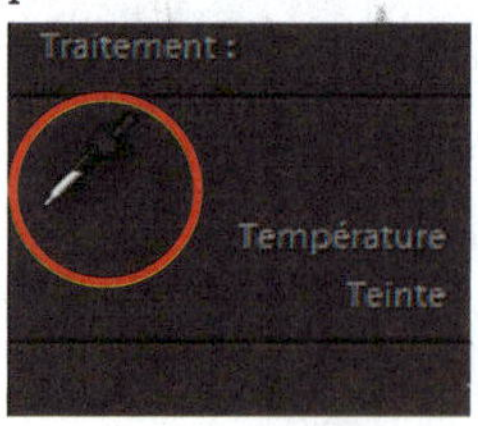

SI VOUS OUBLIEZ LE CARTON...

Ce n'est pas dramatique parce que vous pouvez modifier la température avec Lightroom aux petits oignons. Sans la référence de gris, ce sera moins précis.

DU BLANC QUI EN VOIT DE TOUTES LES COULEURS

■ Bien que la surface illuminée soit blanche et fortement éclairée, l'exposition correcte fournit une image grise. En fait, les boîtiers sont réglés de manière à traduire une image équivalente à un gris à 18 %. Ce qu'ils font (on aurait le même problème avec un paysage de neige). C'est pourquoi, dans ce cas, il faut corriger l'exposition en surexposant, afin de compenser la sous-exposition induite par l'appareil.

■ Ci-dessous, nous avons photographié la même surface à des températures différentes (on peut régler la température de couleur manuellement), avec le même appareil et successivement avec une lampe halogène et un panneau LED. On constate bien des changements de couleur – c'est logique – mais surtout des écarts importants d'un éclairage à l'autre. Le 3 000 K halogène se situe entre les 4 000 et 5 000 K du panneau LED. Résultat : la référence de gris n'est pas inutile !

Clichés RAW avec une lampe halogène éclairant une surface blanche à différentes températures de couleur (en Kelvin)

Clichés RAW avec un panneau LED éclairant une surface blanche à différentes températures de couleur (en Kelvin)

JOUER AVEC DIFFÉRENTS ÉCLAIRAGES CONTINUS

Au cours de cette séance, nous avons mélangé des éclairages à LED de couleurs différentes, histoire de créer une ambiance moins conventionnelle qu'un modèle sur fond noir.

Les panneaux LED s'utilisent en vidéo. Ils se fixent sur la griffe d'accessoires de l'appareil à la place d'un flash externe. Ils émettent suffisamment de lumière dont l'intensité est réglable à l'aide d'une molette. En photo, ils sont les bienvenus et peuvent remplacer un flash sans toutefois pouvoir rivaliser en puissance d'émission. L'avantage, c'est que nous pouvons régler la lumière puisque le panneau éclaire en continu, alors que le flash n'émet qu'un éclair. Cela dit, certains flashs (surtout ceux de studio) sont équipés d'une lampe pilote qui permet d'éclairer le sujet. Autre avantage, le panneau LED est plus économique qu'un flash Cobra. Par rapport à un éclairage halogène, continu lui aussi, le panneau LED chauffe très peu.

1 ÉCLAIRER LE MODÈLE

Chaque chose en son temps. Nous commençons par éclairer le modèle, Kiara, en plaçant le panneau LED à 45° en hauteur et à droite, par rapport au boîtier. Que du classique. Nous en restons là, jusqu'à trouver le bon modelé du visage, avec des ombres à gauche, mais pas trop quand même.

LES PARAMÈTRES D'EXPOSITION

Le plus important ici est de s'assurer que le temps de pose n'est pas trop lent, afin d'éviter le flou de mouvement. Aucun risque de flou de bougé, puisque le boîtier est fixé sur trépied, et le déclenchement se fait à retardement. Nous demandons au modèle de ne pas bouger. Nous sommes un peu justes en temps de pose au 1/25 s. On tente ! Nous pourrions doubler la sensibilité, en passant à 400 ISO, nous passerions ainsi au 1/50 s. Enfin, nous bloquons l'exposition (mode AEL) de manière que les paramètres d'exposition ne bougent plus. En effet, il est primordial que Kiara soit bien éclairée.

2 AJOUTER LE RUBAN DE LED

Le jeune assistant (commis d'office) place le ruban de LED devant l'objectif. Le plus difficile est de trouver la bonne position qui crée des halos autour de Kiara sans masquer son visage. Et nous shootons !

1

2

1/25 s, f:5.3, 200 ISO, 85 mm

ENREGISTRER ET CORRIGER LES PHOTOS EN FORMAT RAW

La lumière qui atteint le capteur du boîtier donne naissance à une image brute qui, une fois enregistrée, devient un fichier RAW. C'est ce format que nous utiliserons de préférence.

Chaque marque a son format

Les appellations de format RAW varient d'un constructeur à l'autre : CR2 chez Canon, NEF chez Nikon, ORF chez Olympus... Et les caractéristiques aussi, même si le principe reste le même.

Retenons que la quantité d'informations contenue dans un fichier RAW est très largement supérieure à celle de son équivalent JPEG. Le capteur est, pour résumer, un damier constitué de cases (photophore) dont chacune reçoit une quantité de photons. Dans de bonnes conditions d'éclairage, le photophore recueille le maximum de niveaux d'énergie lumineuse, traduite en niveaux électriques puis, à leur tour, convertis en nombres. Plus ces nombres sont précis, plus l'information est correcte et précise également. Ce qui suppose qu'il faille coder cette information à l'aide d'une grande quantité de nombres. Imaginons qu'un photophore ne puisse être converti qu'en deux valeurs (0 et 1), l'information obtenue et utilisable serait très pauvre : blanc ou noir. À l'inverse, s'il peut être converti en milliers de nombres (de 0 à 5 000), cette fois, l'information élémentaire devient riche, convertible en nuances de gris. C'est précisément ce que contient un fichier RAW, permettant ensuite de générer une image couleur fidèle à celle du capteur. Cette étape, nommée "dématriçage", s'effectue à l'aide de logiciels, qu'il s'agisse de ceux de constructeurs d'appareils ou d'éditeurs indépendants, le plus célèbre étant Adobe avec ses logiciels Camera RAW (proposé avec Photoshop) et Lightroom.

ET LE JPEG ?

Le JPEG est un autre format graphique présent dans les boîtiers qui génère directement une image couleur enregistrée dans un fichier portant l'extension "jpg". Dans ce fichier, chaque point correspond à trois valeurs de 256 niveaux : une pour le rouge, une pour le vert, une pour le bleu. Au total, chaque point peut donc contenir 256x256x256 niveaux, soit 16 777 216 teintes. C'est énorme mais beaucoup moins qu'en RAW, d'où l'avantage de ce dernier.

Image JPEG brute

Image RAW brute

Image RAW corrigée

À partir de l'image JPEG surexposée de la page de gauche, il est impossible d'apporter des corrections aussi précises et subtiles qu'avec l'image RAW brute. Celles-ci ont été réalisées dans Lightroom CC.

NOWLEDGE
WAVE

À DÉCOUVRIR DANS CES PAGES

LE FLASH COBRA S'INVITE AU STUDIO

Les flashs Cobra fournissent largement la puissance nécessaire pour éclairer correctement une scène en studio dans toutes les conditions. Dans ce chapitre, nous les comparons aux spots de lumière continue. Le verdict est sans appel: les flashs sont préférables pour plusieurs raisons: ils n'agressent pas les yeux des modèles et ne chauffent pas comme des plaques électriques. De plus, la brièveté de leurs éclairs permet de figer réellement les modèles, sans risque de flou de bougé. Enfin, ils se combinent avec un éclairage réalisé en pose longue pour créer des ambiances sympas.

L'ÉCLAIR DU FLASH COMPARÉ À LA LUMIÈRE CONTINUE

L'éclairage continu permet de voir en direct comment éclairer le sujet. C'est son unique avantage sur le flash dont l'éclair est plus puissant et moins gênant pour le modèle.

Température constante du flash

Les lumières continues peuvent varier de température de couleur, ce qui pose problème en les mélangeant. Au contraire, les flashs ont une température constante autour de 6000 Kelvins.

LES TORCHES LED ONT LE VENT EN POUPE...

En vidéo, on utilise forcément des éclairages continus. Il en existe de toutes sortes, du soleil à la bougie en passant par des lampes. Notamment des torches LED en forme de panneaux de tailles différentes, comme celle de la photo ci-dessus. Leurs avantages : produire une lumière constante, immédiatement utilisable parce que les LED atteignent leur pleine puissante aussitôt allumées. De plus, elles ne chauffent pas, contrairement à l'halogène qui transforme le studio en sauna. Cela dit, elles ont un défaut qui le rend difficilement utilisable dès lors que le sujet doit bouger même de façon imperceptible. Elles manquent de puissance, obligeant le photographe à réduire le temps de pose, à ouvrir le diaphragme et à monter en sensibilité. Ou bien il est nécessaire de multiplier les panneaux LED pour illuminer le sujet. S'il s'agit d'une nature morte ou d'un "packshot", avec boîtier sur trépied, on peut les utiliser sans problème, nous en avons montré des exemples au premier chapitre.

MAIS LE FLASH RESTE LA SOLUTION LA PLUS UNIVERSELLE

Avec un flash, il est impossible de prévoir le résultat avant d'avoir shooté, puisqu'il émet juste un éclair très bref. Cela dit, il existe des flashs avec lampe-pilote, qui est une lumière continue (halogène) fixée dans le flash. De plus, en photo numérique, nous pouvons voir le résultat immédiatement après la prise de vue, sur l'écran LCD, et apporter très vite les corrections nécessaires. Avec de l'entraînement, il ne faut pas plus de deux photos pour obtenir la bonne exposition.

JOUER AVEC L'EXPOSITION

Le grand avantage du flash est la puissance de son éclair largement plus importante que celle d'une lumière continue. D'où la possibilité de régler l'exposition comme on le souhaite : passer d'un temps de pose de plusieurs secondes à quelques centaines voire millièmes de secondes, utiliser toutes les ouvertures et sensibilités, sachant que l'intensité de l'éclair est facilement réglable, en automatique et en manuel.

TEST : LE FLASH BEAUCOUP PLUS PUISSANT QUE LE PANNEAU LED

Flash Cobra : exposition correcte.

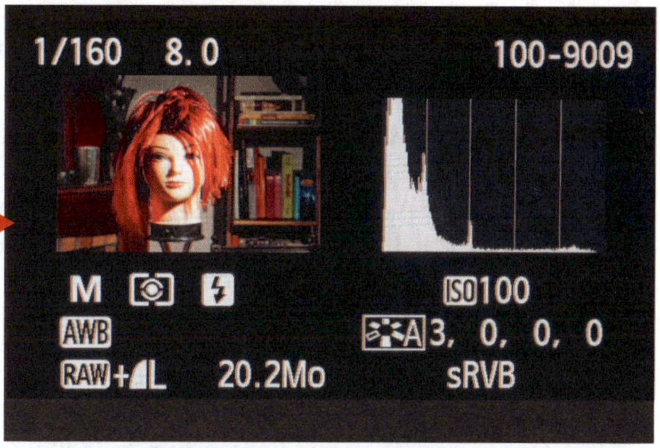

Panneau LED : même exposition qu'au flash. L'image est noire par manque de lumière.

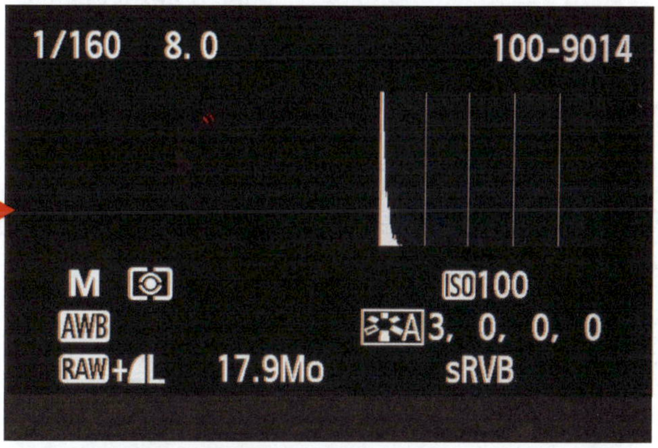

Panneau LED : pour obtenir une image correcte, nous devons changer l'exposition.

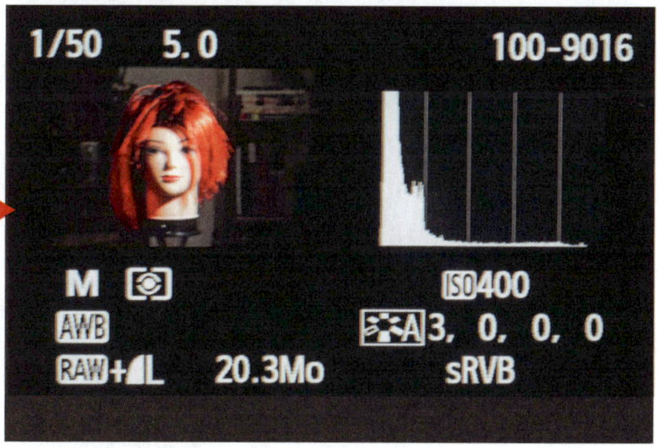

■ Pour comparer l'éclairement d'un flash et d'un panneau LED, nous avons d'abord réglé le boîtier en mode d'exposition manuel, avec des paramètres passe-partout : 1/160 s, f :8 et 100 ISO. La première photo est très surexposée. Nous ajustons la puissance du flash à 1/32e de sa puissance maximale. Nous obtenons la photo **(A)**. Puis, sans changer les réglages du boîtier, nous éclairons le sujet avec un panneau LED à pleine puissance et situé à l'endroit du flash. Résultat : la photo est quasiment noire **(B)**. Pour obtenir une exposition équivalente à celle de la photo **(A)**, nous avons augmenté la sensibilité à 400 ISO (x4 par rapport à 100 ISO). Ce n'est pas suffisant. Nous avons réduit le temps de pose, passant de 1/160 s à 1/50 s, soit une durée triple (x3). Ce n'est toujours pas suffisant. Alors nous augmentons l'ouverture à f : 5, soit deux stops de plus (x2). Enfin ! L'exposition **(C)** devient équivalente à celle de la photo **(A)**. En faisant le compte, nous pouvons calculer la différence d'éclairement du flash et du panneau LED : 1/32 x 1/4 x 1/3 x 1/2 = 1/768. **Le flash est environ 750 fois plus puissant que la torche LED**. Ce n'est négligeable quand même…

LE FLASH COBRA DÉPORTÉ COMME SOURCE DE LUMIÈRE

À moins de ne pas avoir d'autres solutions, on évite de laisser le flash fixé au-dessus du boîtier. Tenu à main levée ou posé sur un pied, il produit de bien meilleures images.

Cet article ne concerne pas que le studio mais le flash en général. Comme il s'agit d'un premier contact, il nous semble opportun de commencer par le premier réflexe : ôter le flash de la griffe située sur le boîtier. Encore faut-il qu'il puisse s'enlever, ce qui n'est pas le cas du petit flash d'appoint dont sont équipés la plupart des appareils. Il s'agit donc ici du flash Cobra, qui doit son nom par analogie à l'aspect coudée du célèbre reptile. L'image ci-contre résume le problème. Fixé sur le boîtier, le flash émet son éclair droit devant, dans l'axe de l'objectif. Cette position centrale éclaire le sujet, mais aussi devant et derrière lui, sans possibilité de créer du relief. En gros, c'est la position que l'on recherche pour bronzer uniformément au soleil parce que la source lumineuse inonde tout, elle atteint les creux et les bosses de manière égale. D'où un résultat catastrophique au flash, quasi chirurgical qui est le lot de quantité de photos familiales. La solution ? Elle est évidente et bien connue des photographes de paysage, entre autres. On attend que le soleil monte ou descende sur l'horizon, le matin ou l'après-midi, lorsqu'il éclaire de côté.

LE FLASH DÉPORTÉ

Par chance, avec un flash mobile, nous ne sommes pas contraints d'attendre que le soleil tourne. Nous le faisons tourner (le flash) en le plaçant de côté. Ce geste s'appelle "déporter le flash" : son éclair n'émet plus dans l'axe, les ombres apparaissent et créent le relief sur le sujet. Nous en observons le résultat sur la photo de la page de droite. La statuette a pris du relief.

Juste un tout petit éclair...

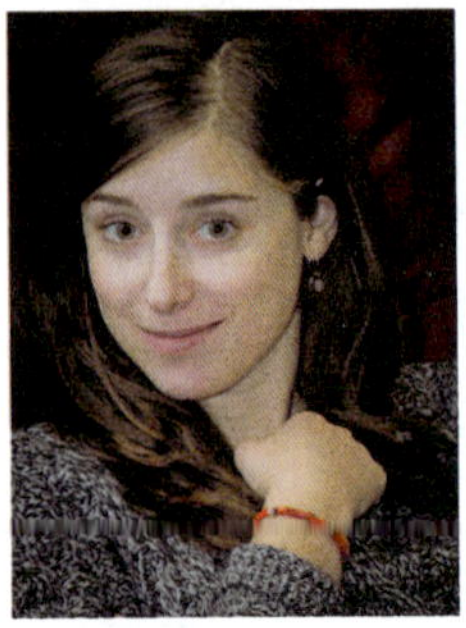

Si l'on dose l'éclair du flash en le réduisant au strict nécessaire, on peut régler le manque de lumière en intérieur. Ici, l'éclair a été envoyé vers le mur, il ne se voit pas et il n'y a pas l'effet "fromage blanc". Nous verrons qu'en studio, on passe son temps à doser et placer la lumière.

Fixé sur le boîtier, le flash envoie son éclair droit devant. Le résultat est horrible.

Le flash est placé à droite de la statuette, mais il est mal réglé. Trop de lumière d'un côté et pas assez de l'autre.

En plaçant le flash sur le côté, on obtient immédiatement un éclairage plus intéressant. La statuette prend du relief et l'arrière-plan s'efface.

L'OUVERTURE MODULE LA QUANTITÉ DE LUMIÈRE, AVEC OU SANS FLASH

Comprendre comment agit l'ouverture est capital. Dans tous les cas d'éclairage, elle détermine non seulement la profondeur de champ mais aussi la quantité de lumière.

Nous avons vu dans les pages précédentes qu'il est conseillé de régler la sensibilité de l'appareil à sa valeur minimale, par exemple 100 ISO, une garantie contre l'absence de bruit numérique, même si les boîtiers actuels autorisent de choisir des valeurs d'ISO plus élevées sans nuire à la qualité. Le cas de ce paramètre étant réglé, penchons-nous sur l'ouverture, autre paramètre de l'exposition.

L'intensité lumineuse

L'exposition dépend de la sensibilité, de l'ouverture et du temps de pose. Avec le flash, et plus généralement avec des éclairages artificiels, on peut aussi considérer l'intensité lumineuse comme un paramètre d'exposition parce que ces éclairages sont réglables… et l'exposition en dépend.

L'OUVERTURE AGIT SUR LA PROFONDEUR DE CHAMP

L'ouverture est contrôlée par le diaphragme, pièce électromécanique circulaire située dans l'objectif, qui s'ouvre et se ferme. Nous l'avons symbolisé dans l'illustration ci-dessous par le cercle noir. Quand le diaphragme est entièrement ouvert, le maximum de lumière de la scène passe à travers l'objectif. On parle de "pleine ouverture", et sa valeur correspond à la longueur focale divisée par le diamètre de l'objectif. Ainsi, une optique de 50 mm de focale et de 25 mm de diamètre à une ouverture de 2, que l'on note f:2. Maintenant, si nous fermons le diaphragme, le diamètre de la partie optique diminue. Si cette dernière ne mesure plus que 2,5 mm, l'ouverture vaut 50 divisé par 2,5 mm, soit f:20. Concrètement, l'ouverture agit sur deux caractéristiques. La première est la "profondeur de champ", qui correspond à l'étendue de la zone de netteté devant l'objectif. Plus le diaphragme est fermé, plus la zone de netteté est importante.

ELLE MODULE AUSSI LA QUANTITÉ DE LUMIÈRE

Le fait de fermer le diaphragme entraîne une autre conséquence évidente : pour un même temps de pose, la quantité de lumière reçue par l'appareil diminue aussi, qu'il s'agisse de celle de la lumière ambiante ou de celle du flash. Insistons : TOUTE la lumière diminue, comme le montrent les photos de la page de droite prises avec le même temps de pose de 1/40 s, à 200 ISO et où seule varie l'ouverture. Ceci est très important. En effet, à condition d'utiliser un flash puissant, nous pouvons obtenir à la fois une très grande profondeur de champ et utiliser un temps de pose très bref, par exemple 1/200 s, ce qui va figer le sujet. C'est rarement possible en lumière naturelle (ou continue), car elle ne peut pas générer un éclair aussi intense que celui d'un ou plusieurs flashs. Voilà pourquoi ces derniers sont très employés en studio.

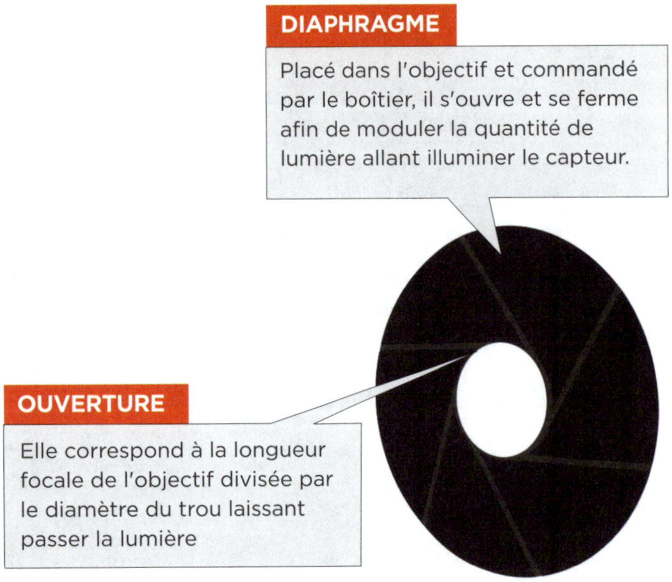

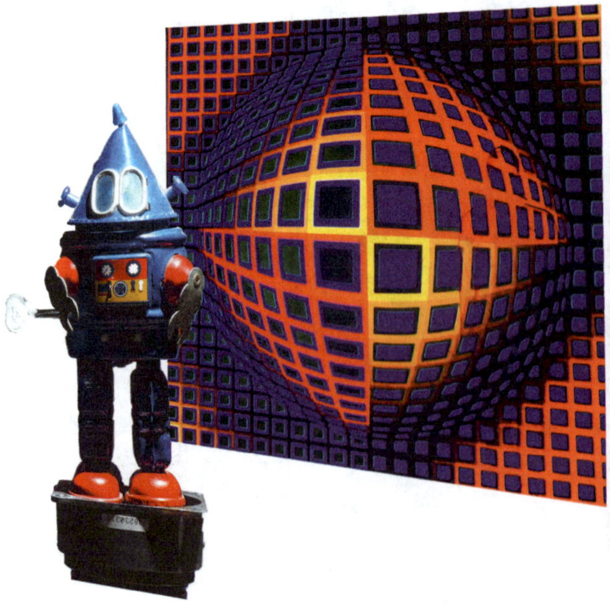

1/40 s, f:9, 200 ISO

f:13

f:16

f:20

AU FLASH, LE TEMPS DE POSE NE MODIFIE QUE LA LUMIÈRE D'AMBIANCE

Savoir doser la durée d'exposition au flash permet de contrôler très précisément l'éclairage de la scène. C'est un des réglages les plus intéressants qu'il faut absolument maîtriser.

Sans flash, c'est plat

DEUX EXPOSITIONS À GÉRER EN PHOTO AVEC FLASH

Quand on utilise le flash, il faut tenir compte de deux expositions : celle de l'éclair émis par le flash plus celle de la lumière ambiante, qui correspond à tout ce que l'éclair n'illumine pas. Pour ces photos, le flash a été posé sous la bouteille d'huile, il est masqué par la cuillère en bois. Son éclair n'illumine que la bouteille, ou quasiment, le reste provenant de la lumière du jour. Supposons qu'au lieu d'un flash, nous ayons utilisé une lampe classique. Nous pourrions aussi illuminer la bouteille séparément du reste, mais nous serions beaucoup plus limités qu'avec le flash d'abord par le fait qu'il faudrait une lampe très puissante et nous ne pourrions pas facilement moduler les deux éclairages (flash et ambiance).

LE TEMPS DE POSE, UN RÉGLAGE À SURVEILLER

Nous le savons, il correspond à la durée d'ouverture de l'obturateur dès que nous appuyons sur le déclencheur. Cette durée peut être extrêmement brève ou atteindre plusieurs secondes, voire minutes. Dans la photo en haut à droite, elle est de 1/80 s avec flash. En bas à droite, elle est de 1/250 s soit trois fois rapide (les autres réglages sont inchangés, y compris la puissance du flash). Qu'observe-t-on ? En bas, la lumière d'ambiance a baissé alors que la bouteille demeure éclairée pareillement. L'explication est simple. Quand nous déclenchons, le flash émet son éclair illuminant la bouteille, mais la pose continue après ! En haut, elle dure plus longtemps (1/80 s) qu'en bas (1/250 s). La différence de durée permet d'illuminer davantage le capteur du boîtier, donc d'éclairer plus la scène en haut.

EN RÉSUMÉ...

L'ouverture agit toujours globalement sur la lumière de toute la scène, flash + ambiance. Un temps de pose long, par exemple 1/15 s ou 1/30 s, permet de laisser pénétrer plus de lumière, ce qui concerne l'ambiance.
Un temps de pose court, au contraire, plonge l'ambiance dans l'obscurité. Dans tous les cas, le sujet éclairé au flash est illuminé de la même manière ou presque.

Les réglages ont été réalisés en mode manuel, tant pour le boîtier que pour le flash. Pour ce type de photo, le mode manuel s'avère plus pratique.

1/80s, f:5.6, 200 ISO

1/250s, f:5.6, 200 ISO

ORIENTER L'ÉCLAIR DU FLASH VERS LE PLAFOND OU UN MUR

En photo au flash, on pratique souvent le système D, surtout quand il s'agit d'améliorer l'éclair en le faisant rebondir sur des surfaces autour du sujet.

PROFITER DU REBOND DE L'ÉCLAIR

La technique qui suit vaut surtout quand le flash Cobra (externe) est fixé sur le boîtier, ce qui n'est pas souhaitable en studio, mais mérite d'être signalé. La tête du flash étant mobile, c'est-à-dire qu'elle peut pivoter sur elle-même, la bonne idée – si l'on ne peut pas déporter le flash – consiste à tourner sa tête vers un mur ou un plafond clairs de manière que l'éclair émette indirectement vers le sujet. La lumière va atteindre le mur et, par effet de rebond, va illuminer le sujet. Voici quelques exemples pour s'en convaincre. Attention : si le mur est teinté, le sujet prendra cette teinte, donc le blanc est préférable. De plus, cette technique peut être utilisée en intérieur comme en extérieur.

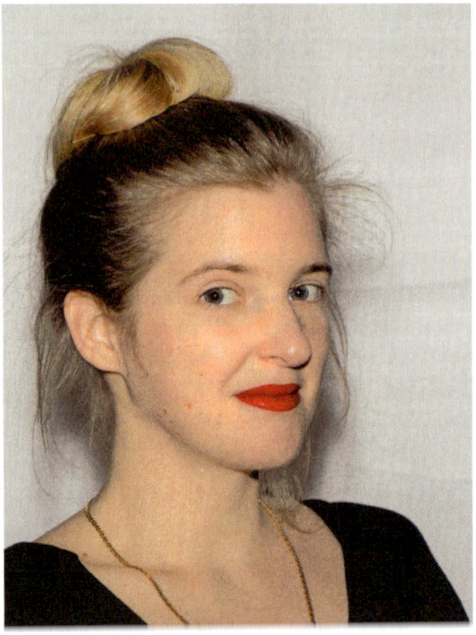

FLASH DIRECT VERS LE SUJET Le pire des cas ! Les reliefs sont absents, la lumière crue, horrible.

FLASH VERS LE PLAFOND C'est mieux, il y a du relief, mais le regard n'est pas illuminé.

FLASH ENVOYÉ DIRECTEMENT VERS LE MUR Ici, nous avons envoyé l'éclair dans la direction opposée au sujet, vers l'angle d'un mur blanc (il y a même un miroir). L'éclair rebondit sur le mur et la lumière vient arroser le sujet. La grande surface de réflexion crée une lumière douce et les ombres n'apparaissent pas.

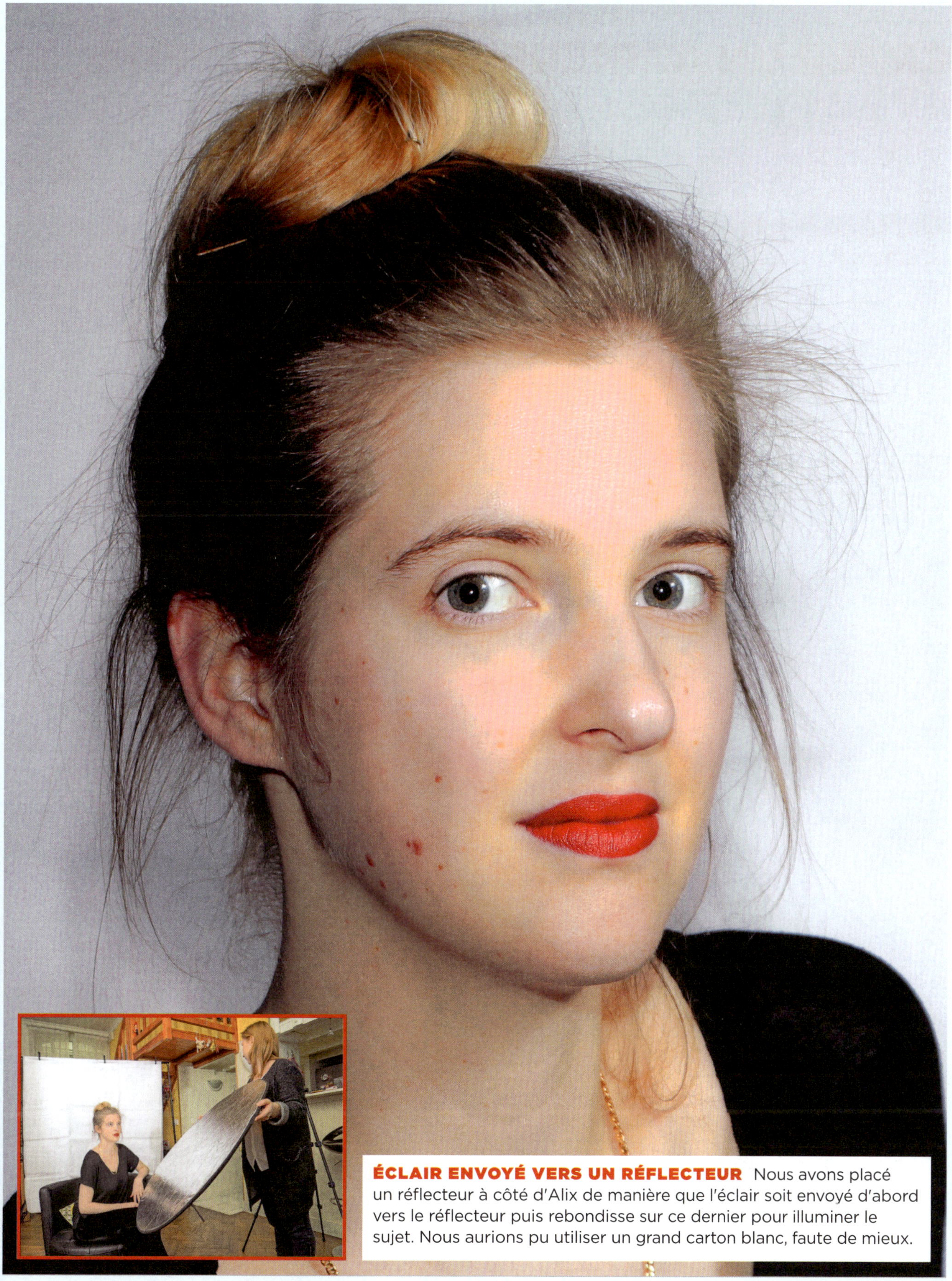

ÉCLAIR ENVOYÉ VERS UN RÉFLECTEUR Nous avons placé un réflecteur à côté d'Alix de manière que l'éclair soit envoyé d'abord vers le réflecteur puis rebondisse sur ce dernier pour illuminer le sujet. Nous aurions pu utiliser un grand carton blanc, faute de mieux.

CRÉER UN ARRIÈRE-PLAN LUMINEUX AVEC FLASH ET POSE LONGUE

Application pratique d'un shooting avec flash et pose longue permettant de créer une ambiance lumineuse à l'aide d'une simple barre de LED colorées.

L'intensité lumineuse

En principe, l'exposition dépend de la sensibilité, de l'ouverture et du temps de pose. Avec le flash, et plus généralement avec des éclairages artificiels, on peut aussi considérer l'intensité lumineuse comme un paramètre d'exposition puisqu'on peut la faire varier.

Inutile de partir à Las Vegas pour réaliser ce genre de photo avec un arrière-plan psychédélique. Le but de ce shooting est de mixer un éclair au flash avec une pose longue permettant de créer un arrière-plan à l'aide d'un ruban de LED multicolores mobiles. La mise en place consiste à placer d'abord un mannequin au centre en laissant suffisamment de places derrière lui pour permettre à l'assistant de passer. Ensuite, nous plaçons le boîtier photo sur trépied en face du sujet. Le trépied est obligatoire parce que nous allons devoir shooter avec un temps de pose très long afin d'éclairer l'arrière-plan. Rien ne doit bouger durant la prise de vue. Le plus compliqué est de fabriquer le ruban de LED

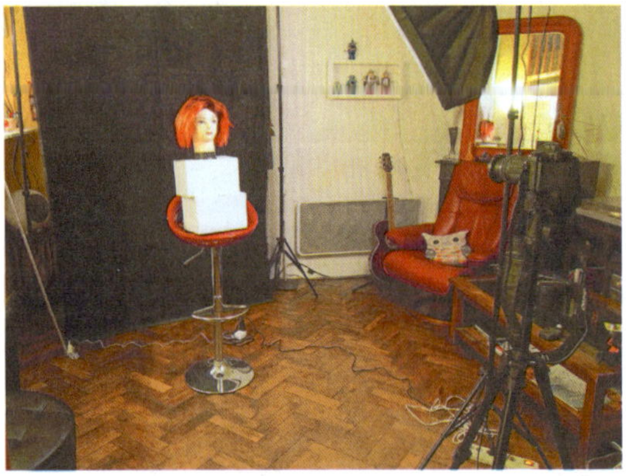

que nous fixons avec de l'adhésif sur un bâton (visible à gauche du modèle dans la photo ci-dessous), de manière qu'il soit rigide.

1 CALCULER LA DURÉE DE L'EXPOSITION D'AMBIANCE

Nous devons mesurer le temps d'exposition de parcours du bâton de LED qui va passer derrière le modèle. Le bâton est tenu par l'assistant. Au top, ce dernier se déplace de deux mètres en agitant le bâton derrière le mannequin. Nous shootons en manuel pendant qu'il se déplace. Après plusieurs essais, nous constatons qu'il faut compter un minimum de 3 secondes.

2 RÉGLER LE FLASH

Le flash est fixé devant le mannequin sur le côté en hauteur. Nous réglons sa

puissance en manuel (on expliquera plus tard) indépendamment du réglage du bâton de LED servant pour l'arrière-plan. Il y a bien deux réglages d'exposition différents : un pour le flash, un autre pour l'arrière-plan.

3 LE SHOOTING

Mise au point et cadrage avec le vrai modèle. Tout est prêt. Il est temps de plonger le studio dans le noir, sans quoi l'effet sera raté. En effet, le flash va éclairer d'abord le modèle, puis l'assistant déplace le bâton de Led (allumées). Il ne faut pas qu'il y ait des lumières parasites. Par ailleurs, l'assistant passe réellement derrière le modèle, mais sans apparaître sur l'image finale. L'explication est simple : Il se déplace dans le noir juste après l'éclair du flash, le seul éclairage étant celui du bâton. Le capteur du boîtier n'a pas le temps d'enregistrer la silhouette de l'assistant.

Ces photos de test montrent ce qui se passe au déclenchement. Dès l'appui sur le déclencheur, l'éclair du flash illumine Elfira. Tel que nous avons placé le flash, l'arrière-plan reste noir. La pose continue. Elfira n'est plus éclairée. L'assistant traverse la scène derrière elle avec le bâton de LED qu'il agite pour créer des ondulations lumineuses. qui sont enregistrées par le capteur.

ARRIÈRE-PLAN LUMINEUX

■ Le seul élément incontrôlable de l'image est la forme des traînées de l'arrière-plan. Pour le reste, tout est parfaitement calculable et prévisible. Par ailleurs, nous avons installé un fond noir pour ce shooting. C'est juste une habitude parce qu'il n'est pas nécessaire ici. En effet, l'éclair du flash n'atteint que le modèle, rien d'autre. Ensuite, la barre de led illumine la scène mais on ne voit qu'elle sur l'image finale (avec le modèle, bien entendu). Et, vous l'avez compris, ce shooting est facile et amusant à réaliser.

5s, f:14, 200 ISO

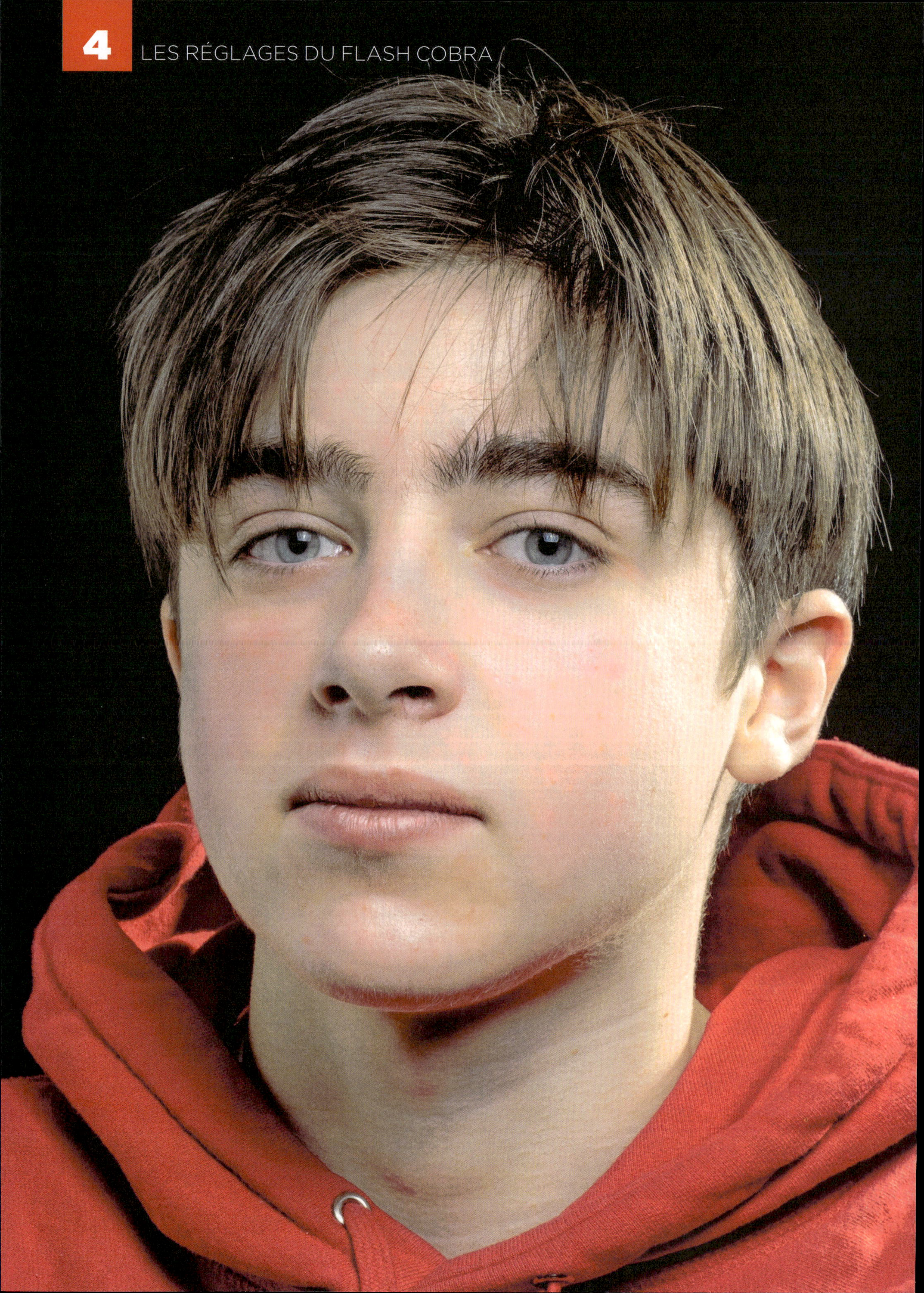

À DÉCOUVRIR DANS CES PAGES

LES RÉGLAGES DU FLASH COBRA

Le flash Cobra est un accessoire intimidant au premier abord. Les réglages via des boutons et une molette n'ont rien d'engageant, et l'ergonomie laisse souvent à désirer. Du côté du boîtier, le menu qui est dédié au flash n'est pas beaucoup plus clair pour le néophyte. Ce chapitre décortique le tout de manière progressive pour permettre de dompter la bête et détailler les caractéristiques principales telles les modes TTL et Manuel, les configurations Maître et Esclave, le zoom, comment régler la puissance de l'éclair, sans oublier les solutions permettant de le piloter à distance depuis le boîtier.

ANATOMIE D'UN FLASH COBRA

Le flash Cobra offre plus de puissance d'éclair que le flash du boîtier et des possibilités de réglage qui font merveille en studio ou ailleurs.

Tous les flashs fonctionnent selon le même principe : un condensateur libère un courant dans un tube contenant un gaz rare : le xénon. Celui-ci, sous l'effet du courant électrique, va s'illuminer très brièvement.

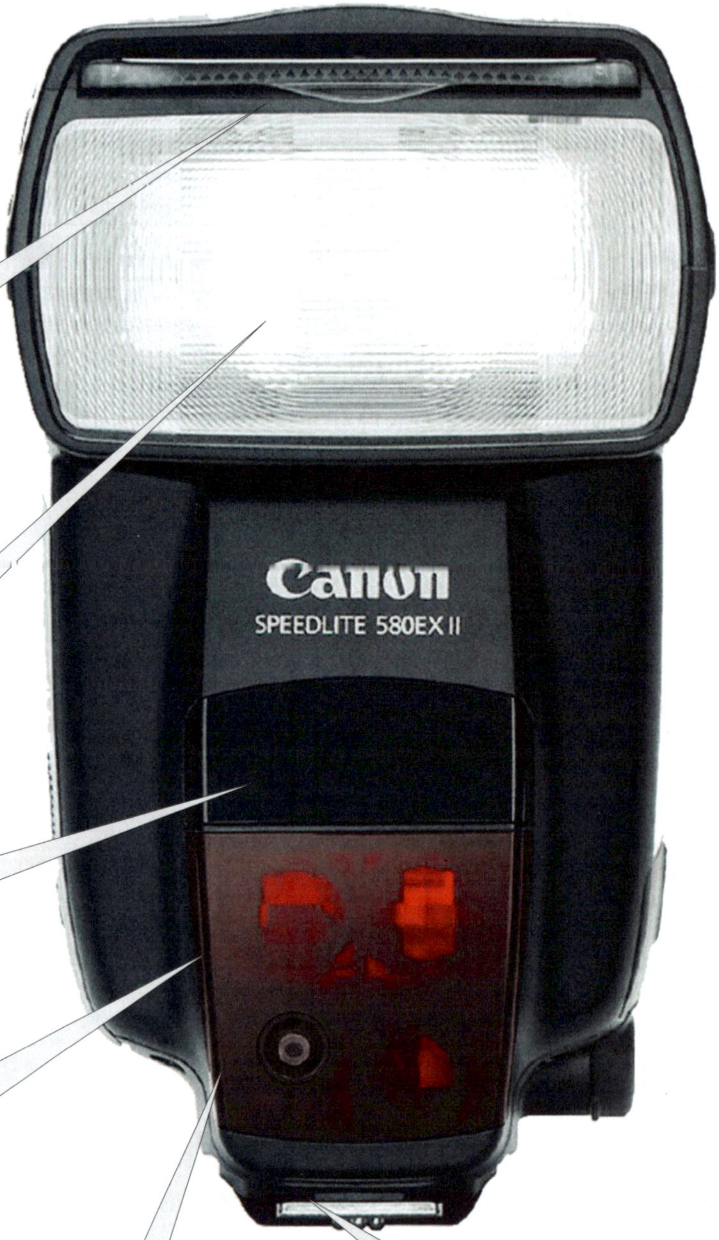

RÉFLECTEUR ET DIFFUSEUR

Le réflecteur et le diffuseur sont rangés dans la tête du flash. On doit les extraire à la main de leur logement. Le diffuseur se place devant le tube pour modifier l'éclair.

TUBE À ÉCLAIR

Situé dans la tête du flash, le tube émet l'éclair. Il peut être monté sur une platine mobile (tête zoom), afin de s'adapter à la focale et concentrer la lumière.

TRANSMETTEUR

Il assure la transmission des informations avec le boîtier quand le flash n'est pas monté sur la griffe.

ÉMETTEUR INFRAROUGE

L'émetteur produit un faisceau infrarouge qui aide l'autofocus à effectuer la mise au point quand la lumière est très faible. Sur certains modèles, il est remplacé par une série de pré-éclairs.

CAPTEUR D'EXPOSITION

Sur certains modèles, dont celui-ci, les paramètres d'exposition peuvent être calculés par le flash qui les transmet au boîtier.

SABOT DU FLASH

Le sabot permet de fixer le flash sur la griffe du boîtier. Les contacts situés sous le sabot assurent la transmission des informations entre le boîtier et le flash.

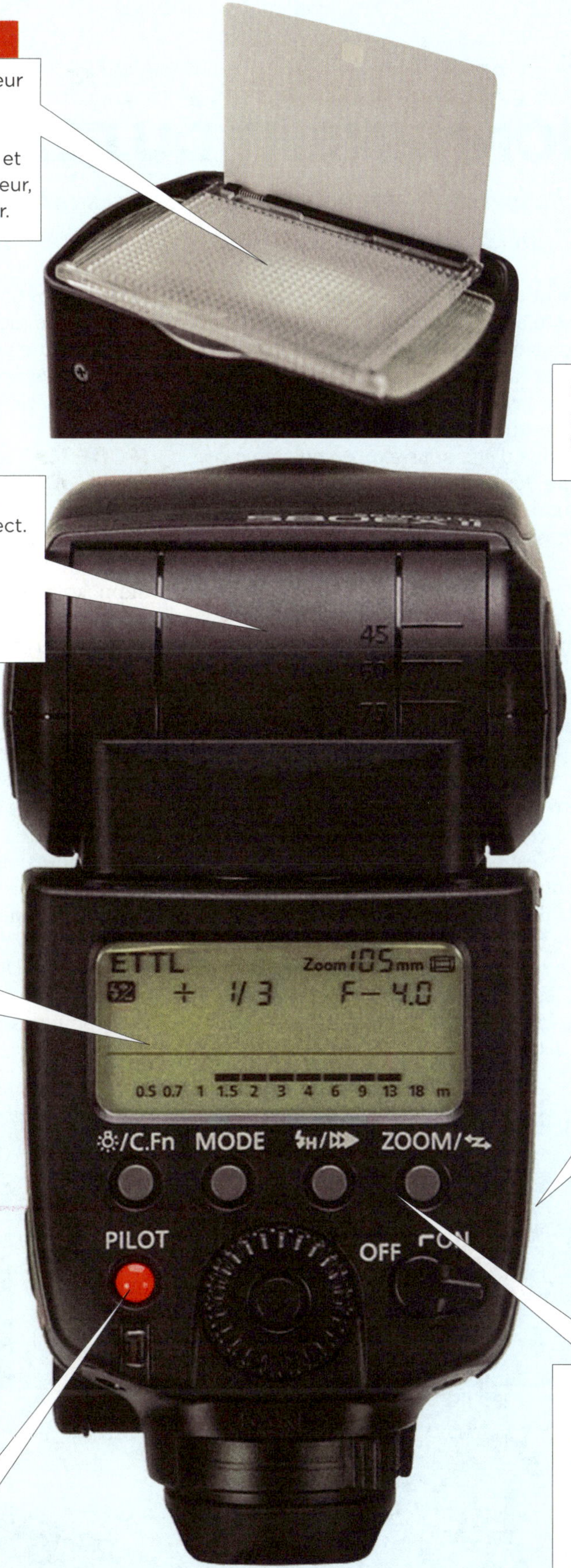

RÉFLECTEUR ET DIFFUSEUR

En éclairage indirect, le réflecteur (sorti) renvoie une partie de la lumière vers les yeux pour donner de l'intensité au regard et concentrer la lumière. Le diffuseur, posé sur le tube, adoucit l'éclair.

ROTATION

L'appui sur le bouton Push permet de faire pivoter la tête du flash pour l'orienter.

TÊTE DE FLASH

Elle peut pivoter de 90 degrés pour assurer un éclairage indirect. Sur certains modèles, comme celui-ci, la tête pivote aussi horizontalement pour envoyer l'éclair vers un mur.

PANNEAU DE CONTRÔLE

Il affiche tous les paramètres du flash, mais n'est présent que sur les modèles haut de gamme comme celui-ci.

LOGEMENT DES PILES

Les flashs externes sont alimentés par des piles (deux ou quatre) et parfois par alimentation externe. Ce modèle est équipé d'une prise pour câble d'alimentation (non standard)

RÉGLAGES

Le nombre de réglages varie énormément d'un modèle de flash à l'autre. Les modèles les plus simples ne disposent que du bouton marche/arrêt, tandis que les flashs sophistiqués multiplient les fonctions comme ici.

BOUTON D'ÉCLAIR

Ce bouton sert à déclencher un éclair à la main.

TTL ET MANUEL : LES MODES DE FONCTIONNEMENT DU FLASH

L'un, automatique, mâche le travail et rend service dans des situations de shooting compliquées. L'autre, manuel, oblige à régler le flash mais se révèle mieux adapté en studio.

E-TTL, I-TTL...

Selon les constructeurs, les dénominations varient. Chez Canon, on parle de "E-TTL", chez Nikon de "I-TTL". Dans les deux cas, il s'agit de versions améliorées du TTL, car il existe aussi un mode TTL (sans "E" ni "I").

Ne pas confondre...

Le mode manuel du flash oblige à régler soi-même l'intensité de l'éclair, c'est tout. Ce mode n'a rien à voir avec le mode manuel d'exposition du boîtier. On peut parfaitement travailler en mode priorité ouverture, vitesse ou programme du boîtier, tout en choisissant le mode manuel ou TTL du flash.

Tout ce que nous avons vu jusqu'à présent sur la lumière et le flash nous amène à poser la question suivante : comment doser l'éclair du flash pour obtenir une photo bien exposée ? Car nous savons qu'il émet un éclair très bref, mais encore faut-il le doser, sans quoi le sujet risque d'être sous-exposé ou surexposé. Réponse : les flashs (modernes) proposent deux modes, au choix, qui ont leurs avantages et inconvénients qu'il faut connaître.

MODE TTL : À CHOISIR QUAND ON N'A PAS LE TEMPS DE RÉGLER

TTL signifie "Through The lens" (à travers l'objectif). Dans ce mode, le boîtier et le flash communiquent pour doser l'éclair de manière à obtenir une exposition correcte. Que se passe-t-il ? Au moment de déclencher, le flash émet un éclair illuminant le sujet. Aussitôt, la cellule d'exposition du boîtier (pas du flash !) fait sa mesure. De deux choses l'une : soit le sujet n'est pas assez éclairé, donc il faut augmenter la puissance de l'éclair, soit il est trop éclairé, donc il faut diminuer l'éclair. Ainsi, le boîtier envoie cette information au flash qui émet, ce coup-ci, le vrai éclair ajusté. Il se passe si peu de temps entre les deux éclairs que nous n'avons pas le temps de les distinguer. Ce mode a l'avantage de l'automatisme, nous n'avons qu'à nous occuper des paramètres du boîtier. En pratique, ce mode convient quand le flash est fixé sur le boîtier et quand on doit shooter vite, par exemple en photo de reportage ou animalière (quand c'est possible).

MODE MANUEL : À PRÉFÉRER EN STUDIO PHOTO

En studio, nous avons le temps de peaufiner la lumière. Le mode TTL reste utilisable, mais son automatisme peut jouer des tours. Supposons que nous ayons à shooter cette automobile sur fond blanc. En TTL, nous cadrons serré et déclenchons. Parfait. Puis, nous élargissons le cadre, ce qui fait apparaître beaucoup de fond blanc. Nous déclenchons et – mauvaise surprise – l'automobile est devenue sombre. C'est logique : en TTL, c'est le boîtier qui calcule l'exposition et qui régule l'éclair du flash. Pour le boîtier, l'exposition a changé entre les deux photos cadrées différemment. Or, nous aurions préféré qu'elle ne soit pas modifiée. En mode manuel, le flash émet toujours le même éclair, tant que nous ne l'avons pas modifié. Du coup, une fois l'exposition correcte, elle le reste. Concrètement, nous pouvons nous approcher, reculer du sujet ou le recadrer, ce dernier est éclairé pareillement.

Deux petits flashs ont été placés de chaque côté de l'objet.

En mode TTL

Nous avons ajusté les valeurs d'exposition sur le boîtier puis laissé faire l'ensemble boîtier et flash. Le premier cliché était grisâtre, nous avons éclairé davantage et obtenu ce résultat.

En mode manuel

Au premier déclenchement, le sujet était surexposé. Nous avons diminué manuellement la puissance des flashs. Au final, ce n'est pas plus compliqué qu'en mode TTL.

RÉGLER LA PUISSANCE DE L'ÉCLAIR DU FLASH EN MODE TTL

La quantité de lumière est le paramètre essentiel en photo et au flash en particulier. Voici comment la doser en mode TTL pour exposer correctement le sujet.

Puissance = durée d'éclair

On parle à tort de "modifier la puissance" de l'éclair. En réalité, celle-ci est fixe et dépend du modèle de flash. La variation de l'intensité de l'éclair s'obtient en modulant sa durée. Plus cette dernière est brève, moins le flash émet de lumière. C'est le même principe que la cuisson : plus elle est longue, plus le plat sera cuit. Ou le bronzage à la plage…

En mode TTL, nous ne contrôlons pas la puissance de l'éclair du flash, c'est la cellule d'exposition du boîtier photo qui s'en charge. Cependant, nous avons la possibilité de moduler cette puissance à l'aide de la fonction de correction d'exposition du flash, via le boîtier ou directement sur le flash.

D'ABORD, COMMENT ACTIVER LE MODE TTL

Il y a deux possibilités. Soit le mode s'active depuis le boîtier, comme le montre l'écran ci-dessous :

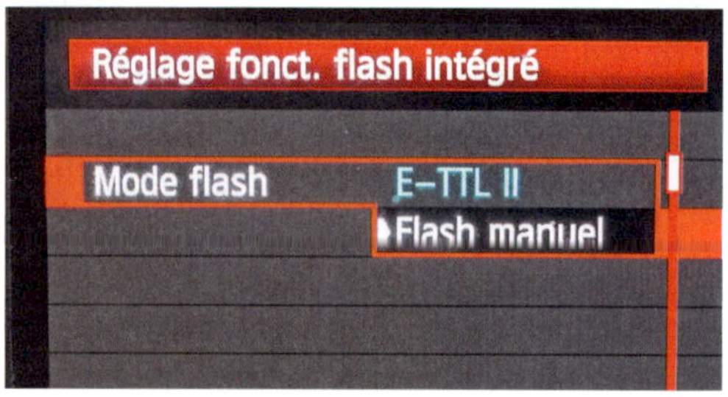

Soit il s'active directement depuis le flash lui-même. Sachez qu'en principe, le réglage depuis le boîtier modifie la configuration du flash au déclenchement. Ainsi, si le boîtier indique TTL alors que le flash est en manuel, la prise de vue se fera en TTL. Sur notre flash Canon 580 EX II, il faut appuyer sur le bouton MODE afin de sélectionner le mode TTL.

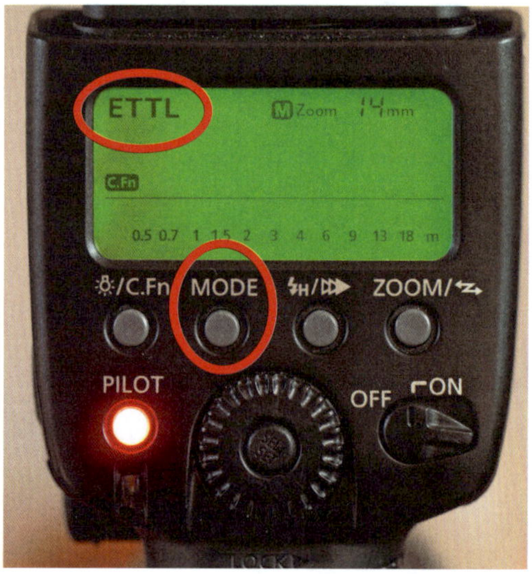

QU'EST-CE QUE LA CORRECTION D'EXPOSITION DU FLASH ?

Le principe est identique à celui de la correction d'exposition du boîtier. Pour rappel, quand nous constatons que le boîtier n'évalue pas correctement l'exposition, typiquement dans le cas d'une photo de paysage enneigé ou à contre-jour, nous devons forcer le boîtier à changer d'exposition. Avec le flash en mode TTL, c'est pareil. Nous forçons ce dernier à émettre plus ou moins de lumière.

APPLIQUER UNE CORRECTION EN MODE TTL

Là encore, comme pour l'activation du mode TTL, il y a deux possibilités : effectuer le réglage depuis le boîtier ou depuis le flash.

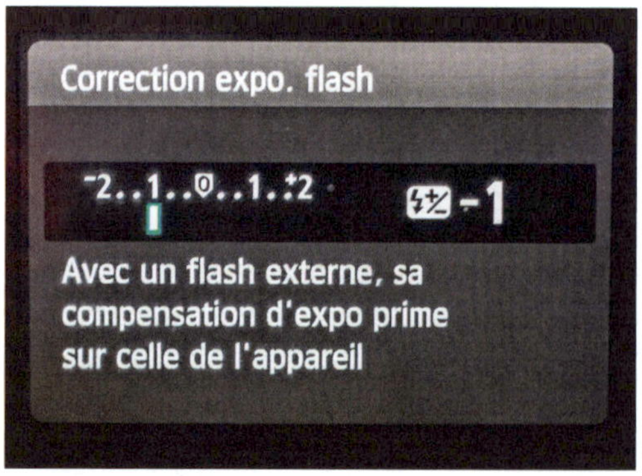

Si nous choisissons le réglage via le flash, la correction s'effectue en appuyant sur le bouton central. Le symbole +/- apparaît, nous tournons la molette pour diminuer ou augmenter l'exposition par palier de 1/3 de diaphragme.

Ici, le flash intégré au boîtier (à gauche) émet un pré-éclair afin de piloter le déclenchement du second flash (à droite). Le pré-éclair ne va pas illuminer le sujet.

CHOISIR SI LE FLASH INTÉGRÉ VA ILLUMINER LE SUJET… OU PAS

Parmi les réglages du flash, depuis le boîtier, nous pouvons définir si le flash intégré va illuminer le sujet ou simplement piloter le flash Cobra déporté. Ici, seul le flash Cobra est actif.

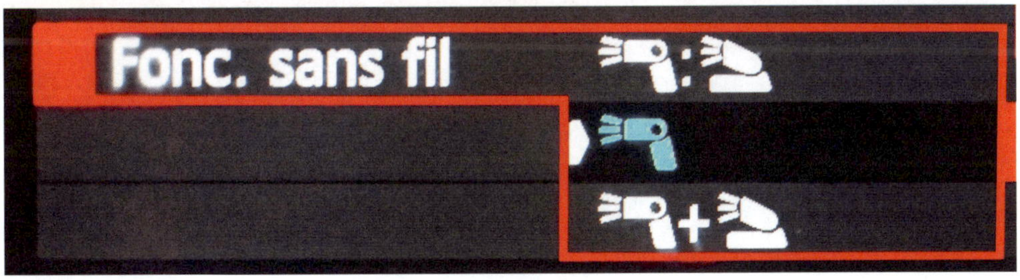

MODULER LA PUISSANCE DU FLASH EN MODE MANUEL

En mode Manuel, c'est à nous de régler la puissance de l'éclair. Une affaire pas si compliquée quand le sujet pose et d'autant plus que nous pouvons nous aider d'un flashmètre.

Division par 2

À 1/1, l'éclair est à pleine puissance, à 1/2, il émet la moitié de lumière, à 1/4, le quart, et ainsi de suite jusqu'à 1/128 sur notre flash EX 580 II Canon. Cela dit, il est possible d'être plus précis en diminuant la puissance par palier de 1/3 de diaphragme.

En mode manuel, répétons-le, c'est à nous de fixer la puissance de l'éclair, après avoir vérifié les photos sur l'écran arrière du boîtier, en consultant l'histogramme. Attention : contrairement au mode TTL qui permet de diminuer ou d'augmenter cette puissance via la correction d'exposition TTL, en mode Manuel nous ne pouvons pas augmenter la puissance quand celle-ci est déjà maximale. Nous pouvons la réduire par palier de 1/3 de diaphragme.

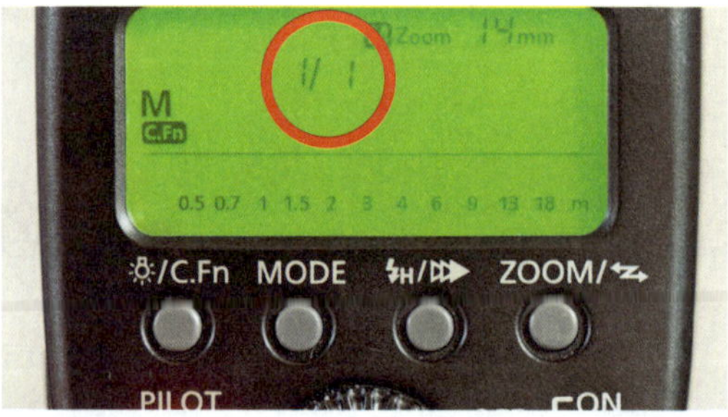

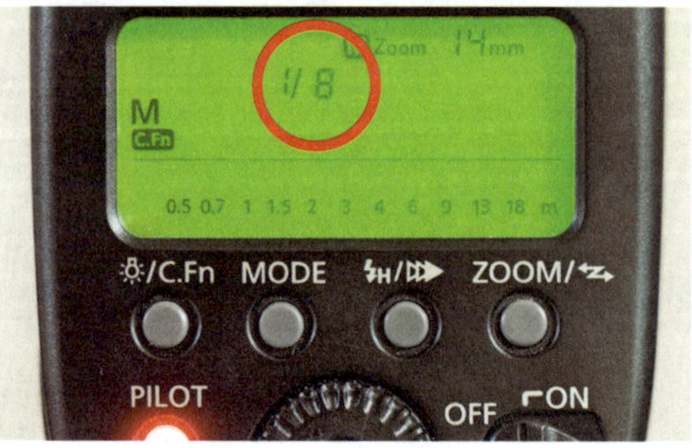

COMMENT MODIFIER LA PUISSANCE DE L'ÉCLAIR EN MODE MANUEL

Il y a deux possibilités : régler la puissance depuis le flash, en appuyant sur le bouton central. La valeur 1/x se met à clignoter. Nous pouvons alors réduire la puissance en tournant la molette centrale. Une fois la valeur choisie atteinte, nous validons en appuyant de nouveau sur le bouton central.

OPÉRER DIRECTEMENT DEPUIS LE BOÎTIER

Seconde possibilité : passer par le menu du flash dans les options du boîtier. Nous repérons la commande de réglage de puissance, l'activons en pressant le bouton SET à l'arrière de l'appareil, et changeons les valeurs à l'aide des touches de direction.

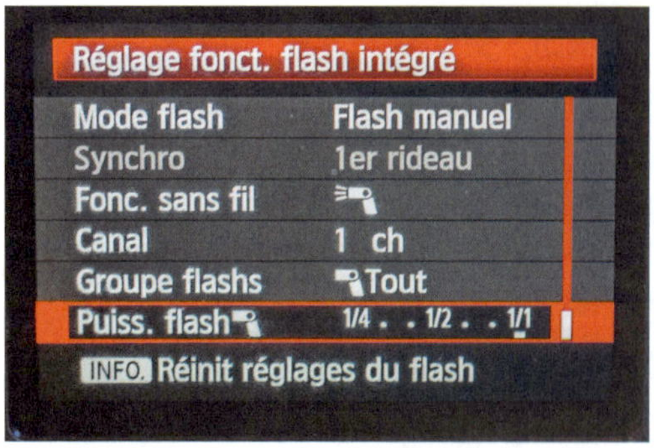

RÉGLER LE FLASH DÉPORTÉ EN MODE "ESCLAVE"

■ Avec un flash Cobra, nous n'avouerons pas combien de fois nous avons oublié de configurer le flash déporté en mode "Esclave", qui permet de déclencher l'éclair. Cette option se trouve en principe sur le flash lui-même. Certains flashs dédiés à des marques gèrent le problème de façon transparente selon qu'ils sont fixés sur la griffe porte-accessoire de l'appareil ou séparés du boîtier.

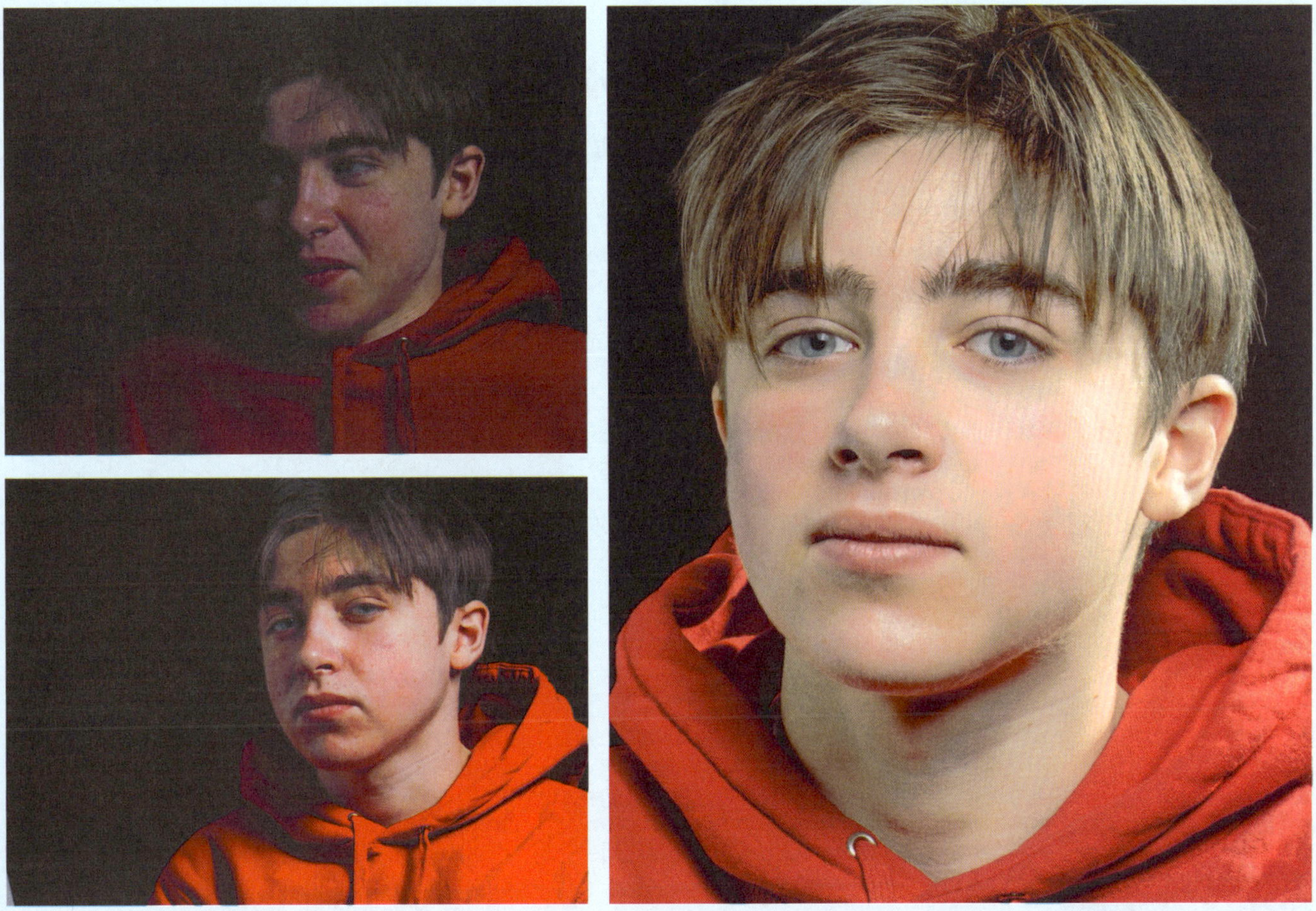

Les réglages d'exposition en mode flash manuel, comme ici en procédant par essais successifs, ne peuvent être correctement effectués que si le sujet tient la pose. Mieux vaut éviter d'improviser en dehors de cette situation !

LE FLASHMÈTRE, UN AUXILIAIRE PRATIQUE EN FLASH MANUEL

Nous verrons au chapitre consacré au multi-flash que le flashmètre prend tout son intérêt pour calculer la puissance nécessaire de chaque flash utilisé en studio. Si nous n'en utilisons qu'un seul, nous pouvons nous en passer. Néanmoins, voici son rôle. Une fois que nous avons choisi les valeurs d'exposition sur le boîtier (sensibilité et temps de pose), nous les reportons sur le flashmètre. Ici, nous avons 1/125 s et 100 ISO. Ensuite, nous plaçons le flashmètre tout près du sujet en l'orientant vers la source de lumière. Le mieux est de le placer sous le menton du sujet. Dernière étape : nous activons le flashmètre qui se met en attente du déclenchement du flash (il existe différentes méthodes selon les modèles). Dès le coup d'éclair, le flash mètre indique sur son écran, la valeur d'ouverture f:x correspondant à une exposition correcte. Il nous reste juste à reporter cette valeur sur le boîtier en mode manuel, lui aussi. En fait le flashmètre fonctionne selon le même principe que la cellule d'exposition interne au boîtier, à la différence près qu'il évalue la lumière arrivant sur le sujet. On parle de lumière "incidente" alors que la cellule du boîtier évalue la lumière "réfléchie" capturée à travers l'objectif. Enfin, précisons que le flashmètre peut bien entendu servir en lumière naturelle ou artificielle continue. Seul ennui : l'accessoire coûte plutôt cher, donc ce n'est pas un accessoire prioritaire si le budget est serré.

LIMITATION DE VITESSE AU FLASH SUR LA ROUTE ET AUSSI EN PHOTO !

Au-delà du 1/200 s de temps de pose sur la plupart des boîtiers, le flash ne peut pas illuminer l'intégralité de la scène. Une limite due au fonctionnement des obturateurs mécaniques.

La limitation dépend des boîtiers

Les temps de pose limites de synchronisation sont généralement de 1/200 s ou 1/250 s. Certains boîtiers vont cependant au-delà, par exemple à 1/320 s sur les appareils OM-D EM1 d'Olympus.

Au chapitre précédent, nous avons vu qu'en prise de vue au flash, le temps de pose influe uniquement sur l'éclairage d'ambiance. Autrement dit, plus ce temps est long (par exemple 1/20 s), plus l'ambiance est présente sur le cliché. Inversement, plus la pose est brève, plus la lumière du flash – et elle seule – s'impose. Ainsi, pour être certain de figer le sujet et éviter le flou de bougé, nous baissons le temps de pose à 1/200 s ou davantage, par exemple à 1/500 s. Essayons ! Au 1/200 s, tout va bien, nous déclenchons et la photo est prise. Mais en poussant au-delà, au 1/500 s, le boîtier refuse d'afficher cette valeur, il reste bloqué sur 1/200 s, quel que soit le mode (vitesse, ouverture, manuel ou programme). En fait, le boîtier a atteint physiquement le temps de pose minimum permettant d'éclairer toute la scène sur le capteur à l'aide d'un flash.

UNE AFFAIRE DE DOUBLES RIDEAUX SUR LES OBTURATEURS

Admettons que le boîtier permette de choisir une vitesse de 1/1000 s, au flash. Alors nous ne verrions qu'une partie de l'image, le reste serait noir. La raison est technique et le coupable est désigné : l'obturateur. En effet, ce dernier est constitué de deux rideaux (il existe d'autres systèmes que nous n'évoquerons pas). Au déclenchement, le premier rideau s'ouvre pour dévoiler la scène afin que la lumière atteigne le capteur. Puis, le second rideau vient couper la lumière en fin d'exposition. Tant que le temps de pose est suffisamment long, le premier rideau a le temps de disparaître avant que le second ne démarre. Durant ce laps de temps, le capteur est entièrement illuminé, c'est très précisément à cet instant que le flash émet son éclair. Insistons : au 1/30 s, l'éclair a largement le temps de se déclencher et d'éclairer toute la surface du capteur ; au 1/100 s et au 1/200 s aussi.
Au-delà, non. Cette valeur se nomme la synchro-X en jargon photo. Elle dépend des boîtiers et on ne peut la modifier puisqu'il s'agit d'une limite physique, comme il est impossible à un humain de faire un saut en longueur de 100 m.

PEUT-ON QUAND MÊME DÉPASSER LA SYNCHRO -X ?

Oui, c'est possible, via la technique de synchro haute vitesse qu'offrent les bons flashs Cobra, mais avec certaines contraintes et restrictions que nous allons passer en revue tout de suite.

LE FLASH ET LES RIDEAUX DE L'OBTURATEUR

■ Au déclenchement, le premier rideau de l'obturateur (figuré en gris) descend pour laisser passer la lumière à travers le diaphragme et l'objectif. Nous avons omis ici de représenter le diaphragme.

■ Le premier rideau est entièrement passé, toute la scène est exposée. C'est à ce moment que le boîtier donne l'ordre au flash de se déclencher. L'éclair illumine toute la scène.

■ À son tour, le second rideau part et vient occulter la lumière provenant de la scène. L'exposition est terminée. Ce principe d'obturation vaut pour toutes les prises de vue, avec ou flash.

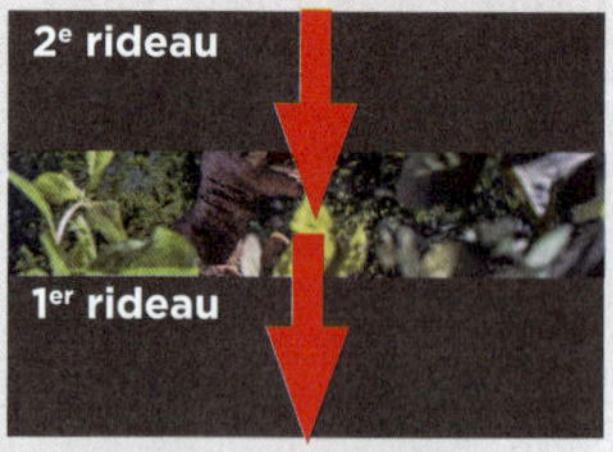

■ Si le temps de pose est plus bref que 1/200 s, le premier rideau n'a pas disparu que le second a déjà amorcé sa descente. Si le flash se déclenchait, une partie seulement de la scène serait éclairée.

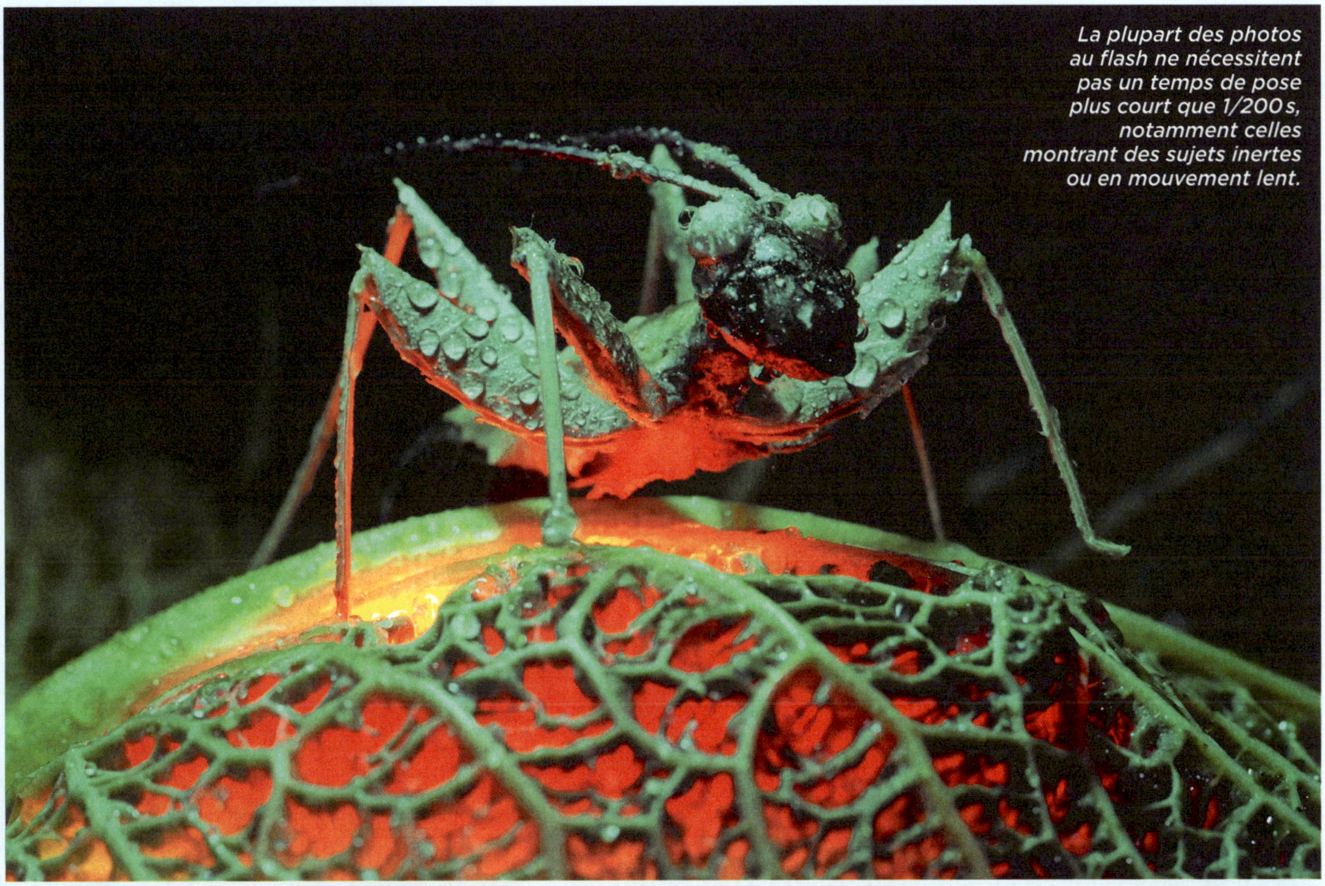

La plupart des photos au flash ne nécessitent pas un temps de pose plus court que 1/200 s, notamment celles montrant des sujets inertes ou en mouvement lent.

Avec des sujets aux mouvements rapides, comme ici, la limite de la synchro-X devient préoccupante. Ce verre d'eau secoué a été photographié au 1/200 s, un temps de pose pas assez bref pour garantir une parfaite netteté.

LE MODE SYNCHRO HAUTE VITESSE À LA RESCOUSSE

Certains flashs. permettent de dépasser la limite de la synchro-X à l'aide de la fonction Synchro haute vitesse.

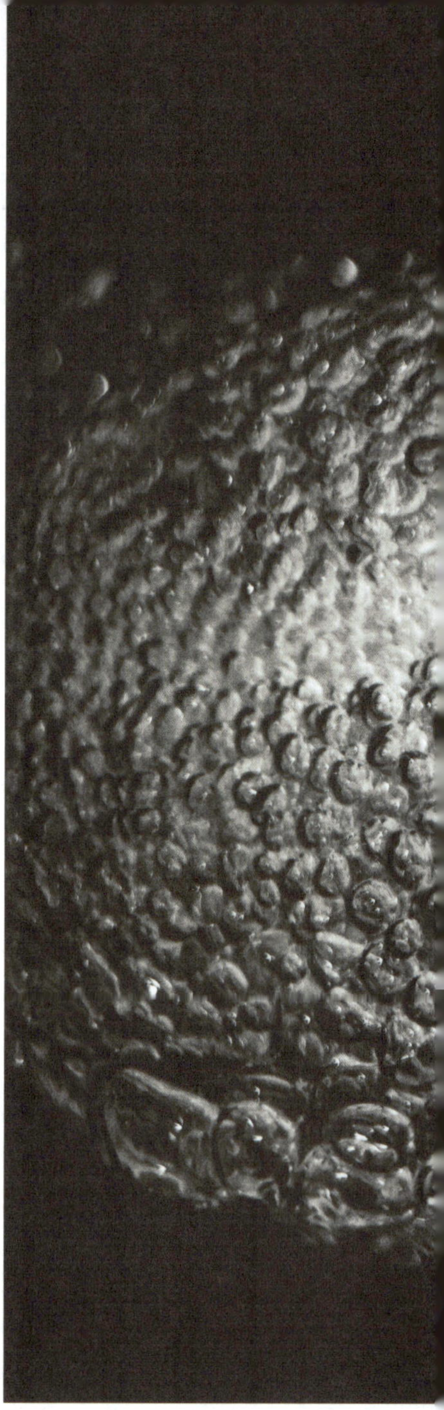

Symbole de synchro haute vitesse

Un éclair et la lettre "H" désignent la fonction synchro haute vitesse au flash. Souvent, cette fonction se trouve parmi d'autres options telles que le déclenchement au premier ou deuxième rideau.

Certains sujets nécessitent une vitesse d'exposition très rapide, dépassant largement 1/200 s au flash. Par exemple le rebond d'une goutte de liquide, des éclaboussures et les ailes de papillons. Or, nous avons vu précédemment que l'obturateur d'un boîtier ne permet de découvrir tout le cadre au-delà de cette vitesse limite. Les deux rideaux se déplacent trop vite, créant une fente mobile parcourant la scène. Pour contourner la difficulté, les ingénieurs ont conçu une méthode très astucieuse qui consiste à émettre une série d'éclairs très rapprochés permettant d'éclairer la fente laissant passer la lumière à travers l'objectif. C'est la synchronisation haute vitesse.

TOUS LES FLASHS N'ONT PAS LA SYNCHRO HAUTE VITESSE

Attention : tous les flashs ne bénéficient pas de cette fonction signalée par le logo ci-contre. Un point à vérifier avant l'achat. De même, les flashs de studio n'en disposent pas toujours. Autre limitation : en passant en synchro haute vitesse, l'éclair du flash devient moins puissant. La raison tient au fait que la succession ultra-rapide d'éclairs décharge le système de condensateurs du flash. Ce dernier doit, d'une façon ou d'une autre, garder de l'énergie pour émettre ses éclairs. Par analogie, on peut imaginer un Canadair qui déverse son eau, mais pas trop rapidement de manière à arroser plus de terrain incendié.

AUTRES CONTRAINTES TECHNIQUES LIÉES À LA SYNCHRO H

Du côté du boîtier, nous pouvons indifféremment travailler en mode d'exposition Manuel ou Vitesse. Il est conseillé de choisir l'un de ces modes plutôt que d'autres, puisqu'il s'agit de gérer la vitesse en priorité. Attention : le petit flash intégré servant ici à piloter un ou plusieurs flashs Cobra déportés ne gère pas la synchro haute vitesse. Il faut utiliser un flash Cobra (avec synchro H) fixé sur la griffe porte-accessoire et le configurer en flash maître. Enfin, autre limitation : certains transmetteurs radio ne gèrent pas la synchro H. Vous voilà donc prévenus des limites.

MISE EN SERVICE DE LA SYNCHRO HAUTE VITESSE

Le boîtier et le flash doivent être tous les deux réglés en mode synchro H. Le réglage s'effectue via le menu dédié au flash :

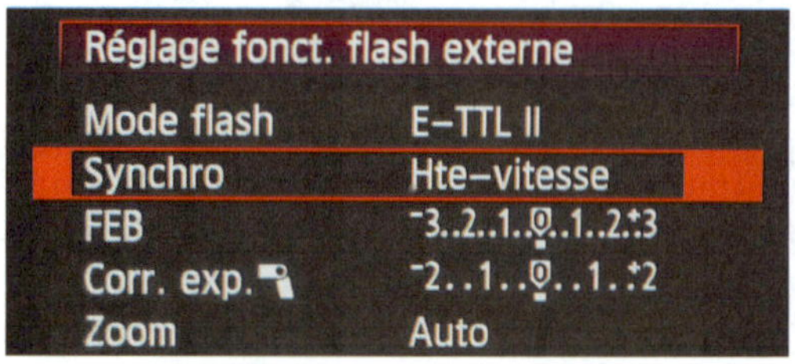

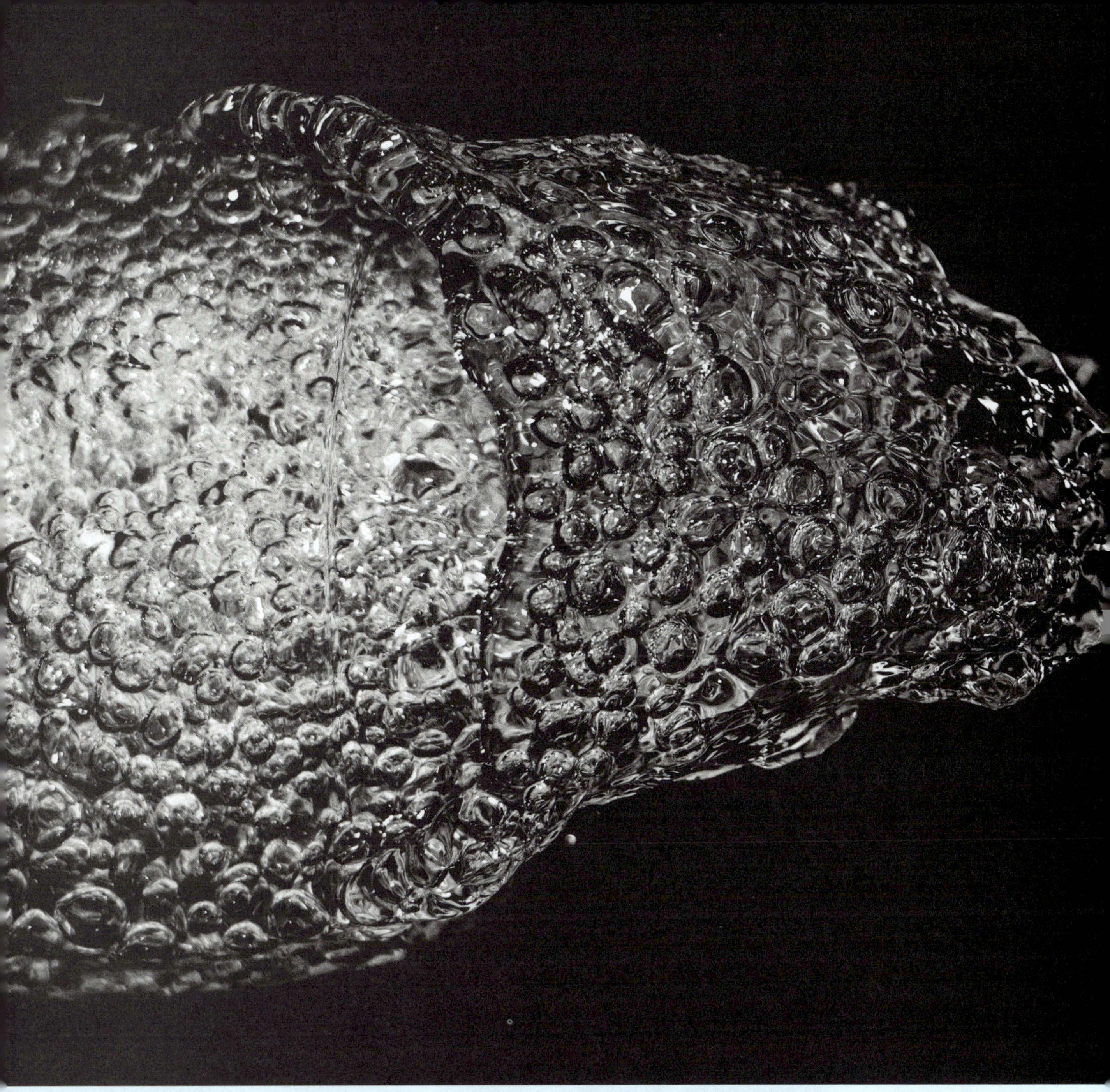

Cette masse d'eau obtenue en faisant couler un jet dans un verre d'eau a été photographiée au 1/4000 s, à 100 ISO, à l'aide d'un flash déporté configuré en mode synchro haute vitesse.

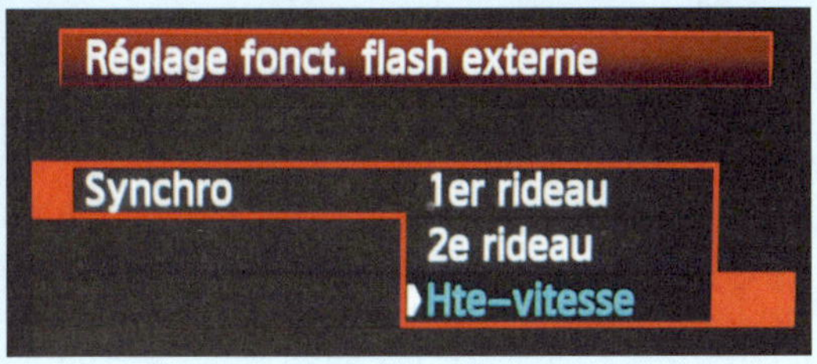

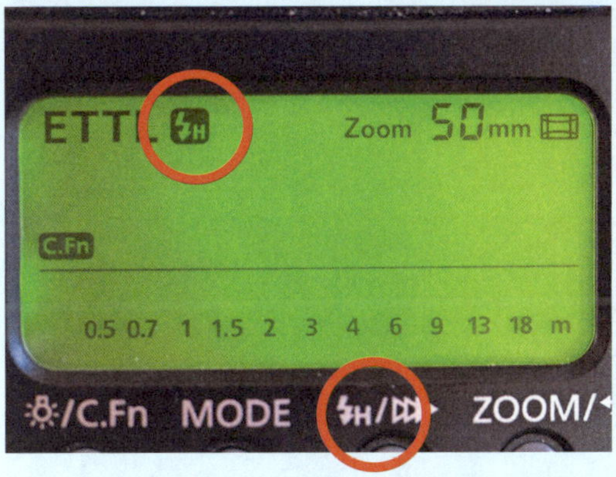

Ensuite, il nous faut aussi configurer le flash dans ce mode. Sur le 580 EX II de Canon, nous devons simplement appuyer sur le bouton portant le logo Synchro H afin de l'activer. Ce même bouton sert également à choisir le déclenchement au premier ou deuxième rideau. Très facile, donc. Le logo de synchro H s'affiche dans l'écran LCD du flash. Nous sommes prêts pour shooter au 1/4000s.

Le boîtier et le flash, de marques différentes, communiquent via des transmetteurs radios. Un transmetteur est fixé sur le boîtier à la place d'un flash tandis qu'un autre transmetteur (faisant office de receveur) est relié au flash distant.

LES SOLUTIONS POUR PILOTER LE FLASH À DISTANCE

Quand le flash est déporté, il est nécessaire de le commander à distance afin qu'il émette son éclair au moment de la prise de vue. Plusieurs systèmes existent.

LE SYSTÈME DE LIAISON INTÉGRÉ AU BOÎTIER

Certains boîtiers photo disposent d'un système interne permettant de piloter un ou plusieurs flashs distants, sans l'aide d'un câble ou de transmetteurs. Mine de rien, c'est très pratique et n'implique aucun achat d'accessoires. Les infos sont transmises optiquement au(x) flash(s) depuis le flash intégré à l'appareil, qu'il s'agisse des données TTL ou manuel de puissance et de correction d'exposition du flash. Voici un exemple (photo en bas) de pilotage à distance de deux flashs Canon de la série EX, un 430 et un 580, à partir du boîtier 600D (premier de la série EOS à trois chiffres à intégrer le pilotage des flashs). Concernant les réglages, ils sont relativement simples : nous devons préciser les modes ETTL ou Manuel, et surtout vérifier le canal de communication ainsi que le groupe auquel appartiennent les flashs. Un canal – il y en a quatre – permet d'éviter que le flash soit déclenché inopinément par un autre boîtier à proximité dans le cas où plusieurs

photographes couvrent le même événement. Un souci que nous n'avons pas en studio. Alors, nous calons le boîtier et les flashs sur le canal 1, une bonne fois pour toutes. Quant au groupe, il permet de communiquer d'un coup avec plusieurs flashs qui recevront les mêmes instructions de déclenchement. C'est aussi le moyen d'augmenter artificiellement la puissance de l'éclair global : on cumule les éclairs des flashs.
Avec ce système, le seul souci qui puisse survenir, c'est qu'un flash ne se déclenche pas parce qu'il ne "voit" pas l'éclair du flash intégré qui lui envoie les ordres. En studio, le cas est rare puisque le flash asservi voit les ordres du flash par rebond. Autre inconvénient : le boîtier et les flashs doivent être compatibles pour communiquer : ainsi un flash Nikon ne peut pas être piloté par un boîtier Canon ou d'autres.

LES TRANSMETTEURS PAR LIAISON RADIO

Si l'on ne peut pas exploiter le système de pilotage du boîtier parce qu'il n'en dispose pas ou que le flash n'est pas compatible, l'alternative consiste à s'équiper de transmetteurs radio. Il s'agit de petits boîtiers qui communiquent entre eux. Un boîtier doit être fixé sur la griffe porte-accessoire de l'appareil et un autre sous le flash Cobra. En somme, si nous devons piloter deux flashs distants, il nous faut trois transmetteurs. L'avantage de ce système est de permettre l'utilisation de flashs de marques différentes, incompatibles avec l'appareil. Ce coup-ci, nous pouvons piloter un flash Nikon depuis un boîtier Canon (et inversement). De plus, la transmission radio entre les boîtiers évite le risque que les flashs ne se déclenchent pas, sauf s'ils sont hors de portée, ce qui est rare dans un studio, même immense. Il existe quantité de marques et de modèle, ci-dessous un modèle Catus, celui que nous utilisons.

LE CÂBLE SYNCHRO PC

Mis à part le système intégré par boîtier, cette solution est très économique car elle coûte le prix d'un câble, soit une poignée d'euros. Encore faut-il réunir plusieurs conditions : le boîtier et le flash doivent être équipés de prises PC pour les relier entre eux. Et attention aux embouts des prises

qui doivent correspondre. Sur le modèle de notre photo (ci-dessus), les embouts sont différents. Or il se peut que le boîtier et le flash soient équipés du même type de prise (mâle-mâle). Autre condition : pas de possibilité de mode TTL, avec ce câble, nous travaillons forcément en mode flash manuel, ce qui n'est pas un souci en studio (ouf !). On trouve des câbles de bonne longueur, par exemple 3 mètres, ce qui est suffisant dans la plupart des cas. Le seul hic – et nous en parlons d'expérience – c'est qu'il faut toujours garder en tête que le boîtier
a un fil à la patte (le flash aussi), donc gare à ne pas se prendre le câble dans les pieds ou à s'éloigner trop. Somme toute, ce système est pratique et s'utilise aussi avec des têtes de flash de studio, nous y reviendrons.

LA RALLONGE TTL

Il s'agit ni plus ni moins que d'un câble équipé aux extrémités de sabots permettant de relayer les signaux des picots de la griffe de flash du boîtier à ceux du pied de flash Cobra. Cela permet de travailler en mode TTL, en plus du mode manuel.

UTILISER LE ZOOM DU FLASH COBRA

Certains flashs sont équipés d'un système de zoom permettant de moduler la taille du cercle de l'éclair. Ce réglage sert essentiellement quand on ne dispose pas de diffuseur. En studio, le zoom n'est vraiment pas utile, mais autant le connaître.

À l'intérieur de la tête de certains flashs Cobra, un mécanisme permet de déplacer d'avant en arrière le tube à éclair. Devant ce dernier, un système optique diffuse plus ou moins l'éclair. Ainsi, la taille du halo au déclenchement peut varier. Les deux photos

24 MM

105 MM

ci-dessus, prises dans des conditions identiques d'exposition et de cadrage, montrent les différences d'éclairement. Sur celle de gauche, le zoom du flash correspond au champ d'un objectif de 24 mm. L'éclair est étalé, ce qui a une conséquence intéressante : la lumière est mieux répartie, mais aussi moins intense que sur la photo de droite. En effet, pour cette image, nous avons poussé le zoom à 105 mm (valeur maximum de notre 580 EX II). Pareil avec les deux photos de droite : nous constatons moins d'intensité d'éclairement à gauche (24 mm) qu'à droite (105 mm). Le zoom poussé à fond permet de gagner en intensité d'éclair, ce qui peut être utile et économise l'autonomie électrique du flash.

COMMENT MODIFIER LA VALEUR DU ZOOM

Le réglage s'effectue sur le flash lui-même. Certains flashs (de qualité) proposent plusieurs valeurs à choisir (24, 35,50, 80… 105 mm, par exemple), d'autres permettent choisir entre seulement deux positions. Autre cas de figure : régler le zoom directement depuis le boîtier, mais sous certaines conditions. Enfin, il est parfois possible d'automatiser le réglage en fonction de la valeur du zoom de l'objectif.

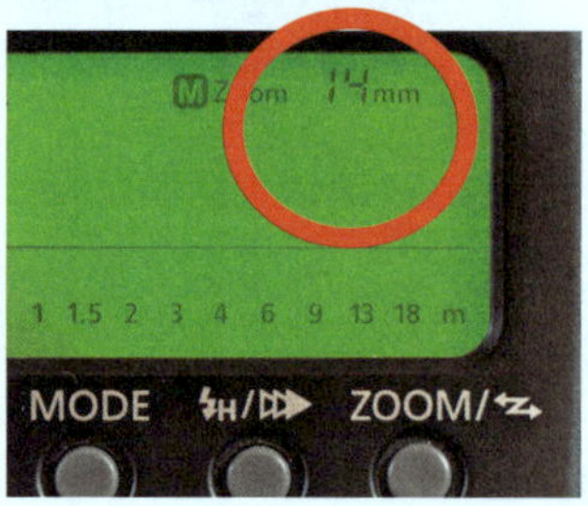

ZOOM FLASH 24 MM

ZOOM FLASH 24 MM

1/20 s, f:9, 100 ISO, 70 mm + flash déporté en TTL

UNE SÉANCE COMPLÈTE AU FLASH DÉPORTÉ EXPLIQUÉE PAS À PAS

Voici toutes les étapes d'une séance photo réalisée à l'aide d'un seul flash Cobra, de la mise en place de la scène jusqu'aux différents clichés obtenus. Nous avons choisi un exemple simple à reproduire : un avant-plan, un objet – en l'occurrence une figurine de dinosaure – et un arrière-plan. Dans une première partie, nous utilisons le flash en mode TTL, histoire de montrer que ce mode fonctionne bien, en donnant le détail des réglages à opérer, tant sur le boîtier que sur le flash. Puis, dans la seconde partie, nous passons en flash manuel, où nous vous laissons découvrir que ce mode est facile à mettre en œuvre et donne également les résultats attendus sans se prendre la tête. Nous sommes restés aussi génériques que possible de manière que vous puissiez adapter l'exercice à votre matériel qui n'est pas forcément de marque Canon. Et n'oubliez pas de mettre des piles dans le flash !

1 MISE EN PLACE DE LA SCÈNE

La scène comporte trois éléments : le dinosaure au centre, devant lui des feuilles servant d'avant-plan afin d'animer l'ensemble, derrière lui un grand écran de Mac 27 pouces affichant la photo ci-dessous (prise en Dordogne !). Nous avions songé à imprimer la photo d'ambiance en grand, mais l'affichage rétro-éclairé de l'écran convient parfaitement. Une idée à retenir pour des arrière-plans faciles.

2 INSTALLER LE FLASH COBRA

Dans la photo d'ambiance, le soleil éclaire de la droite vers la gauche... donc nous devons placer le flash à droite du dinosaure et en hauteur, là où le soleil se trouvait. De cette manière, les éclairages se raccordent correctement. La base du flash est enclenchée sur son socle lui-même équipé d'un pas de vis permettant de le fixer sur un trépied photo. Nous avons dirigé la tête du flash vers le dinosaure, et nous avons sorti le petit diffuseur en plastique afin d'adoucir un peu l'éclair. La tête du flash étant éloigné du sujet, la lumière est dure (voir les pages précédentes). C'est volontaire, car nous cherchons à obtenir des transitions nettes entre les parties claires et les ombres, comme par un jour d'été.

LE MATÉRIEL : REFLEX CANON APS-C + FLASH COBRA

■ Ce n'est pas du matériel dernier-cri, mais il est tout à fait suffisant pour notre exercice : un boîtier Canon 600D avec optique 18-135 mm f:3.5 (passe-partout). Cet appareil a le bon goût de piloter les flashs Canon à distance sans recourir à des boîtiers de transmission. Quant au flash, il s'agit du vénérable 580 EX II.

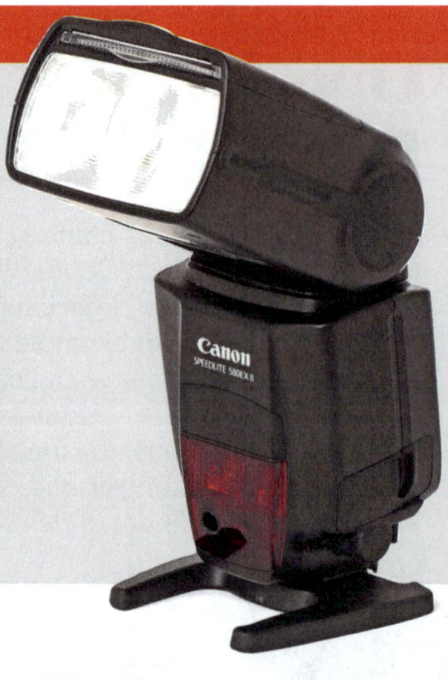

3 RÉGLER L'EXPOSITION SUR LE BOÎTIER

Concernant la sensibilité, pas de concession: 100 ISO de manière à obtenir la meilleure qualité possible en RAW (et aussi en JPEG). Pour éclairer la photo d'ambiance, nous devons choisir un temps de pose élevé. Ici, nous l'avons fixé à 1/20 s. Aucun problème de flou de bougé puisque le boîtier est fixé sur trépied. Reste l'ouverture que nous avons fermée à f:11 au jugé. Nous verrons que f:9 convient mieux, cela permet de gagner en lumière générale, autant celle provenant de l'arrière-plan que celle de l'éclair. Enfin, nous faisons la mise au point en autofocus, puis nous débrayons ce dernier sur l'objectif. Bien sûr, ces paramètres d'exposition ne conviennent pas sans flash, la photo serait très sous-exposée. Enfin, il faut sortir le flash intégré du boîtier (on l'oublie parfois).

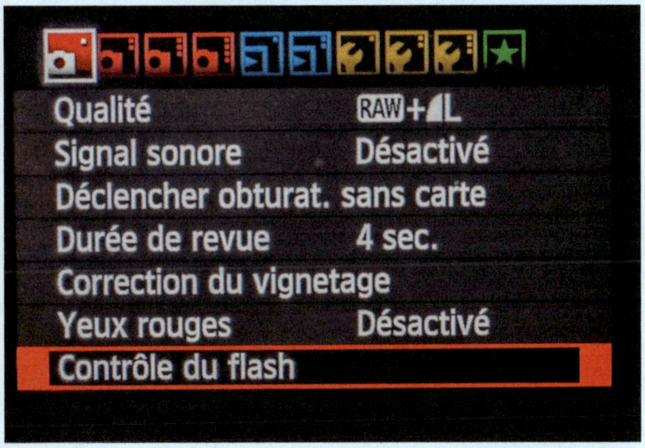

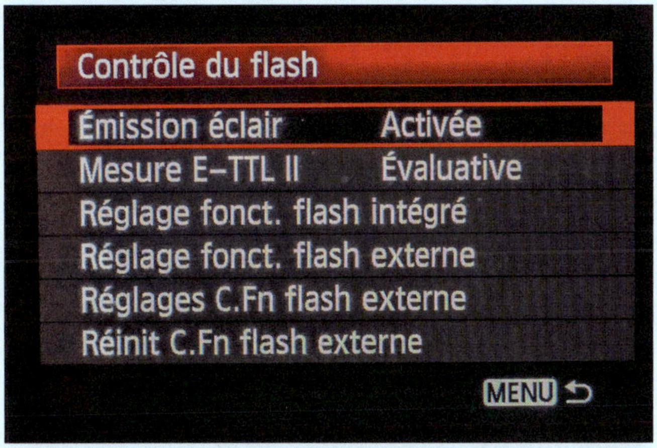

4 PARAMÉTRER LE FLASH DÉPORTÉ

Tout boîtier évolué comporte un menu dédié aux flashs interne et externe. Précisons qu'interne désigne le flash intégré et externe celui qu'on fixe sur la griffe porte-accessoire ou bien déporté. Chez Canon, ce menu se nomme "Contrôle du flash".

5 LE MENU DE CONTRÔLE DU FLASH

Ce menu permet d'activer ou désactiver le flash, de sélectionner le type de mesure E-TTL ou manuel et d'accéder aux réglages spécifiques. Nous allons régler le flash Cobra externe en utilisant le menu **Réglage fonct. flash intégré** (oui, celui du flash intégré).

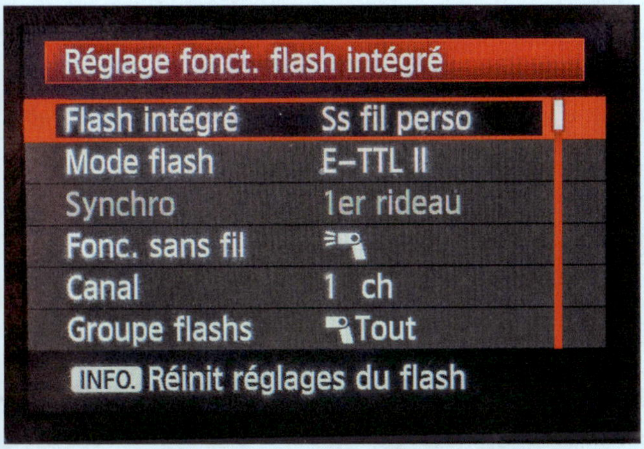

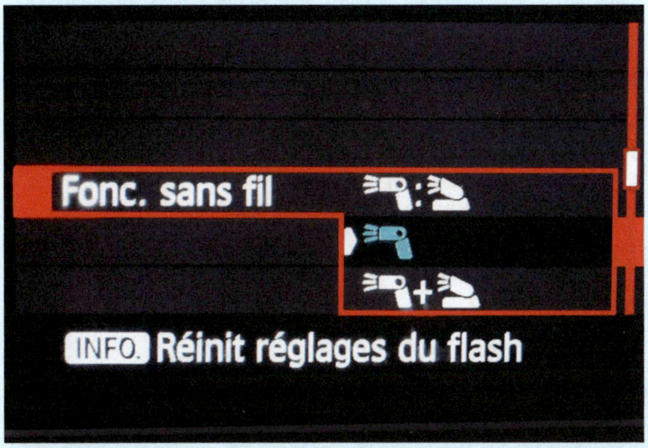

6 CHOISIR LE MODE SANS-FIL ET E-TTL

Le flash est piloté par le boîtier à distance, que ce soit en E-TTL ou en manuel. Nous sélectionnons donc le mode **Sans fil perso** (il existe aussi un mode Sans fil aisé qui ne nous intéresse pas). Ensuite, nous choisissons le mode **E-TTL** dans l'option suivante.

7 DÉSACTIVER L'ÉCLAIR DU FLASH INTERNE

Nous ne voulons pas que le petit flash intégré se déclenche à la prise de vue, mais uniquement le flash déporté. Pour cela, nous sélectionnons l'icône du flash seul dans le menu **Fonct. sans fil.** Dans d'autres situations, on pourrait avoir besoin de ce petit flash.

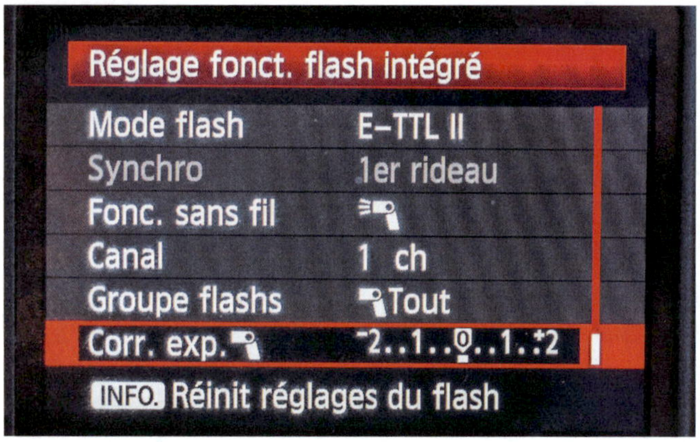

8 VÉRIFIER LA CORRECTION D'EXPOSITION

Le mode E-TTL permet de régler la puissance du flash automatiquement. Mais il est possible de corriger cette puissance, en plus ou en moins, si nécessaire. Il est prudent de vérifier ce niveau avant de shooter.

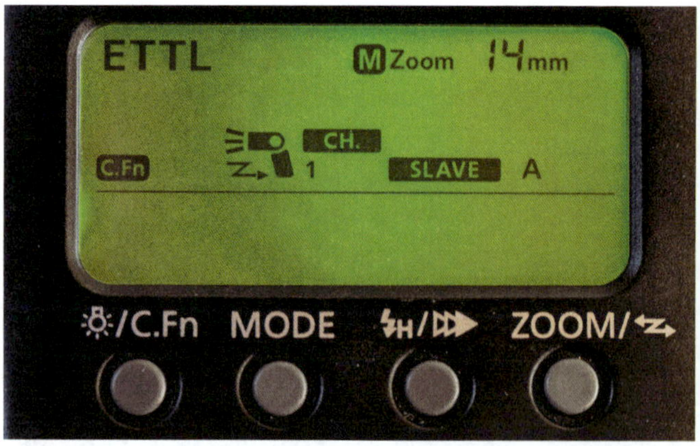

9 PASSER LE FLASH EN MODE ESCLAVE

Sur le flash, nous devons passer en mode **Slave** (esclave), pour que le flash puisse être piloté par le boîtier. Certains flashs disposent d'un bouton qui permet de passer du mode Maître à Esclave.

10 PHOTO DE CONTRÔLE POUR LE FOND

Pour visualiser l'éclairage de la photo de fond, nous déclenchons sans flash. Le fond est trop sombre. Solutions : augmenter l'ouverture ou la sensibilité ou le temps de pose. Nous optons pour l'ouverture.

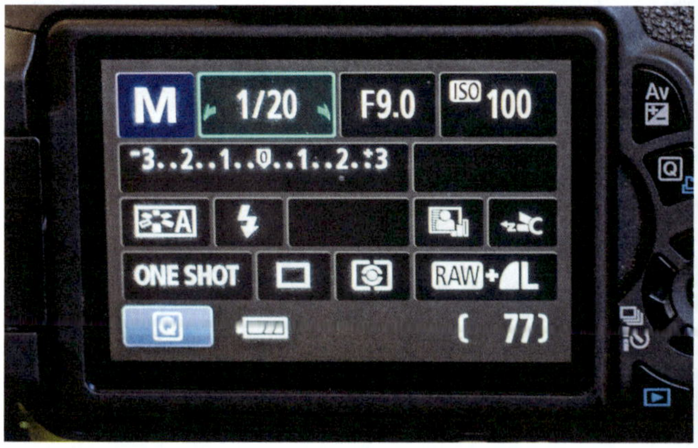

11 MODIFIER LA VALEUR D'OUVERTURE

En augmentant l'ouverture, nous éclairons davantage toute la scène, éclair du flash Cobra compris. Cependant, en mode E-TTL, le boîtier va recalculer la puissance de l'éclair et la diminuer. Très pratique.

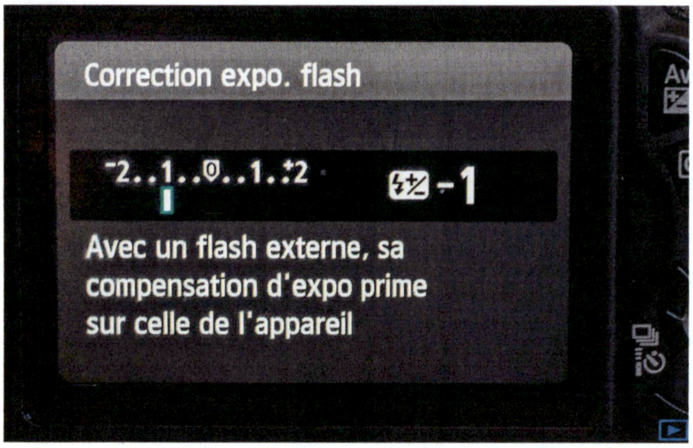

12 CORRIGER L'EXPOSITION DU FLASH

Notre dinosaure est surexposé. Nous n'allons pas toucher à l'exposition du boîtier mais à celle du flash. En mode E-TTL, c'est le seul moyen de régler l'intensité, soit depuis le boîtier, soit depuis le flash.

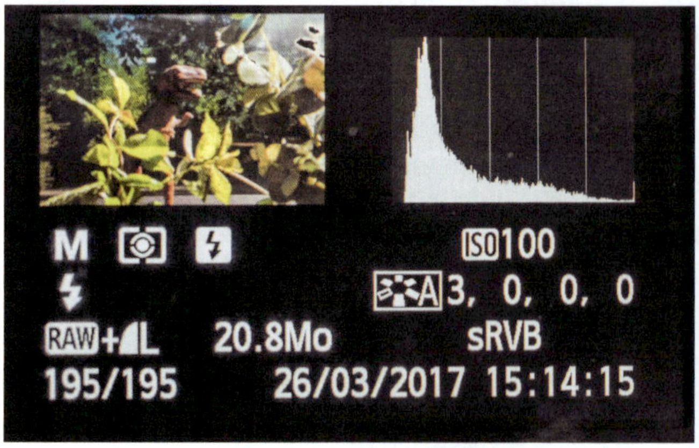

13 CONTRÔLER LE CLICHÉ SUR L'ÉCRAN

L'écran arrière du boîtier permet de visualiser les clichés et d'afficher, si besoin, les paramètres et l'histogramme. Ce dernier a une allure correcte. Nous pouvons baisser de 1/3 la valeur d'ouverture.

14 AJOUTER UN RÉFLECTEUR

Jusqu'à présent, le sujet n'est éclairé que par un seul flash placé à droite, ce qui plonge toute la partie gauche du dinosaure dans l'ombre. Nous pourrions ajouter un second flash, mais il y a plus simple et plus efficace. Nous plaçons un grand carton blanc à gauche en guise de réflecteur, lequel va permettre à l'éclair du flash de rebondir vers la partie sombre et l'illuminer.

En ajoutant le réflecteur blanc à gauche, la lumière enrobe davantage le dinosaure.

SÉANCE PHOTO (PARTIE 2) AU FLASH DÉPORTÉ EN MODE MANUEL

La même mise en place que précédemment, mais en choisissant le mode manuel de déclenchement du flash. C'est l'occasion de découvrir certaines particularités.

Économiser les piles

Dans beaucoup de cas, en flash manuel, nous savons à l'avance (et par habitude) que l'éclair sera beaucoup trop intense. Autant limiter sa puissance tout de suite car cela offre deux avantages: les piles durent plus longtemps et le flash se recharge plus rapidement.

Nous avons vu précédemment qu'en utilisant un flashmètre, nous pouvons obtenir, d'un coup, les bons réglages en mode manuel.
Ici, nous ne l'avons pas utilisé car la procédure est facile du fait qu'il n'y a qu'un seul flash en action: du côté du boîtier, nous ne changeons pas les paramètres d'exposition fixés à 1/20 s, f:9 et 100 ISO. Côté flash déporté, nous le basculons simplement en mode manuel, puis nous fixons arbitrairement la puissance de l'éclair à 1/8 (la pleine puissance étant notée 1/1). En effet, éclairée à puissance maximale, la scène sera probablement éblouie, et nous devrons reprendre un cliché après avoir diminué la puissance de l'éclair. En la limitant d'emblée, nous avons davantage de latitudes pour corriger l'éclair en observant la photo sur l'écran LCD du boîtier, et le flash consommera moins d'énergie (voir ci-contre).

1 CONFIGURER LE FLASH EN MODE "ESCLAVE"

Nous avons déjà effectué cette manipulation dans la première partie de la séance photo, mais il est bon de la rappeler, sans quoi le flash ne se déclenchera pas. Le flash doit être réglé en mode "Slave" (esclave) pour être piloté par le boîtier. Et il faut penser à sortir le flash intégré du boîtier.

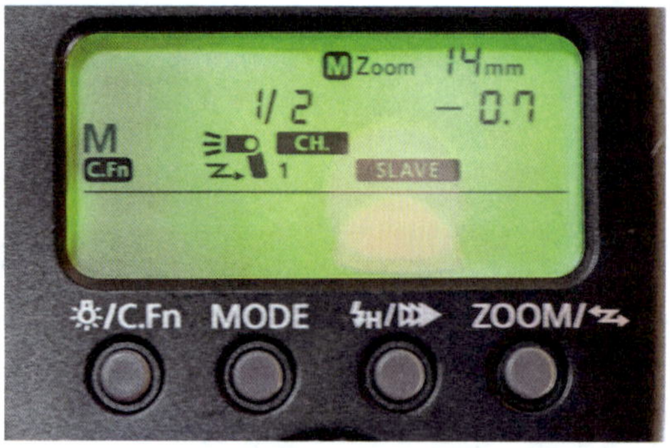

2 PASSER EN MODE DE FLASH MANUEL SUR LE BOÎTIER

Puisque le boîtier pilote désormais le flash déporté, il est préférable de basculer en mode manuel via le menu de réglage du boîtier. En effet, même si le flash est resté en mode E-TTL, il changera de mode au déclenchement. L'inverse est vraie: si le boîtier est en E-TTL et le flash en mode manuel, la photo sera prise en E-TTL.

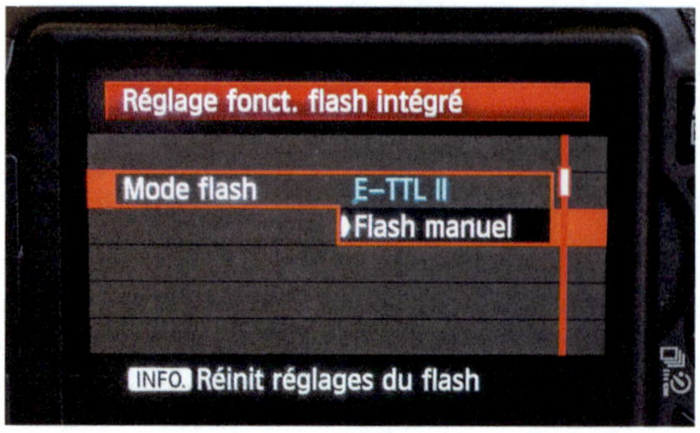

3 RÉGLER LA PUISSANCE (DURÉE) DE L'ÉCLAIR

Attention! Quand le flash n'est pas fixé sur le boîtier, le réglage de la puissance de l'éclair doit être effectué sur le flash, pas sur le boîtier. En effet, en flash déporté, le réglage du flash prime sur celui du boîtier (en E-TTL ou manuel). Ici, le flash est réglé à pleine puissance sur le boîtier, mais à 1/128 sur le flash. La photo sera prise au 1/128. Ce n'est pas logique par rapport au fait que le boîtier pilote le flash (voir point 1).
Donc, toujours penser à controler la valeur de correction sur le flash.

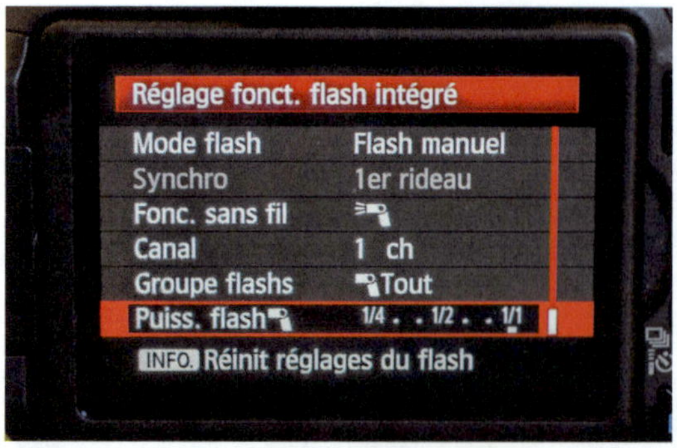

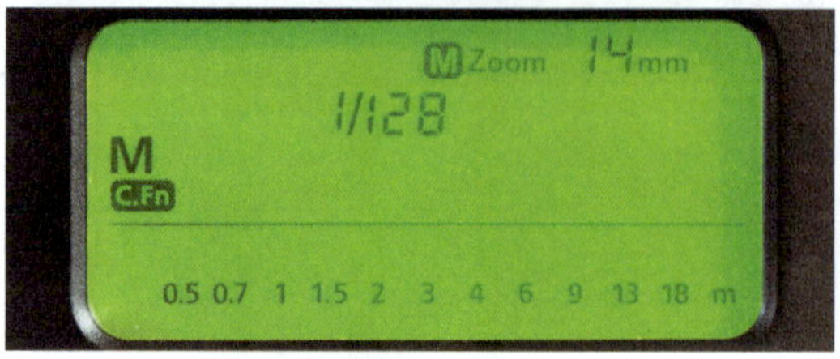

À DÉCOUVRIR DANS CES PAGES

MODIFIER LA LUMIÈRE

Contrôler l'éclairage, le façonner, est la partie la plus excitante de la prise de vue en studio avec la mise en scène du modèle. Voici les accessoires auxquels vous devez faire appel pour obtenir la lumière qui va créer le rendu recherché. Boîte à lumière, octobox, parapluie, nids-d'abeilles et snoot, mais aussi des réflecteurs à fabriquer soi-même à base de cartons réfléchissant et autres cinq-en-un dorés ou argentés. Nous les passons en revue dans ce chapitre qui se clôt par un shooting mis en scène où notre modèle est photographié à travers une vitre. Cette dernière est aussi un modificateur... particulier.

DIFFUSEURS ET RÉFLECTEURS

Ils permettent de modifier la lumière illuminant la scène, d'ailleurs ils portent le nom de "modificateurs".

LA TAILLE DE L'ÉCLAIRAGE PAR RAPPORT À CELLE DU SUJET

Au chapitre 2, nous avons vu que la douceur de la lumière est due à la taille relative entre la source de lumière et le sujet. La douceur, elle-même, caractérise la transition entre les parties les plus claires et les plus sombres. Plus cette transition est faible, plus la lumière est douce. Cette notion fondamentale doit nous préoccuper constamment durant le placement de l'éclairage et des modificateurs. Ainsi, pour augmenter la taille relative de l'éclairage, il faut soit l'agrandir, soit l'approcher, soit les deux.

MODIFIER LA QUANTITÉ DE LUMIÈRE ATTEIGNANT LE SUJET

Il existe différentes façons de moduler la quantité de lumière arrivant sur le sujet : jouer sur les paramètres d'exposition du boîtier (sensibilité et/ou ouverture), régler la puissance de l'éclair du flash, approcher ou éloigner le flash du sujet, ou encore intercaler un diffuseur entre la source de lumière et le sujet. Ces possibilités se combinent entre elles et font le délice de la photo en studio, en plus de celui de diriger le sujet.

OMBRES MARQUÉES

Pour commencer, nous avons placé notre flash à gauche du sujet, en hauteur à 45° vers le visage. L'éclair du flash, sans modificateur, crée un éclairage dur, avec une transition nette entre les parties claires sur le côté gauche et les parties sombres à droite. Cette dureté – on le répète – est due à la petite taille de la tête du flash par rapport à la tête du sujet.
Nous avons placé un "nid-d'abeilles" devant le flash. Il s'agit d'une grille de métal qui concentre précisément la lumière.
Nous n'avons pas changé les paramètres d'exposition. Que constate-t-on ? L'éclairement est plus faible, mais la lumière demeure toujours aussi dure puisque le flash et le sujet sont restés à la même place.

LUMIÈRE PLUS DIFFUSE

La grille "nid-d'abeilles" ("honeycomb", en anglais) a été remplacée par une softbox (boîte à lumière). Sans changer l'exposition et les positions de l'éclairage et du sujet, ce dernier s'est retrouvé sous-exposé.
L'ajout de la softbox a donc réduit l'éclairement, en revanche la lumière est devenue plus douce puisque la softbox offre une surface plus grande que celle du sujet.
Ensuite, nous avons échangé la softbox contre un parapluie blanc translucide un peu plus volumineux. Ce parapluie est ici utilisé comme diffuseur, il est placé entre le flash et le sujet.
Résultat : nous ne percevons aucune différence notable avec la softbox. Ce n'est évidemment pas toujours le cas.

REMPLISSAGE DES OMBRES

Ici, nous avons conservé le parapluie ainsi que tous les autres paramètres (exposition, emplacement). Mais nous avons placé un grand carton blanc de 80 x 80 cm, de l'autre côté du visage. Ce réflecteur a adouci la partie droite du sujet, c'est net sur le nez et le cou.
Ensuite, nous avons approché le même carton très près du visage, à une vingtaine de centimètres. Résultat : la partie droite est encore plus adoucie. Le réflecteur agit comme une deuxième source de lumière qui "remplit les ombres". Non seulement le réflecteur renvoie une partie de l'éclair du flash vers le visage mais il augmente aussi la surface totale d'éclairage, celle du parapluie plus la sienne.

SPOT AVEC VOLETS ET NID-D'ABEILLES

Ces modificateurs de flash concentrent le flux lumineux sur le sujet.

▲ *Un nid-d'abeilles classique avec ses alvéoles hexagonales, plus épais que celui utilisé pour la photo page suivante.*

Le spot avec volets latéraux mobiles, qui peut équiper aussi bien les flashs Cobra que ceux de studio, a pour but de couper la lumière. Sachant que la lumière se dirige toujours en ligne droite, le fait de fermer des volets – un ou plusieurs – coupe une partie des rayons émis vers les côtés, l'accessoire ultime dans le genre étant le "snoot" que nous verrons plus loin.

Histoire de degrés

Il existe des nids-abeilles de 30, 40 ou 50°, etc. Plus le degré est petit, plus le faisceau est concentré

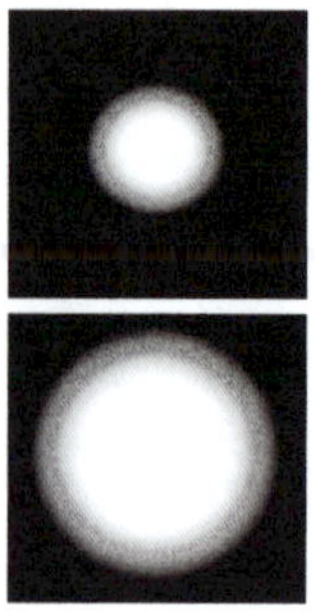

LE NID-D'ABEILLES CONCENTRE L'ÉCLAIR

Cet autre accessoire se compose d'une grille d'alvéoles qui forment un maillage de petits tunnels serrés. En anglais, on l'appelle "grid" (grille) ou "honeycomb" du fait de la forme des alvéoles. Il a pour rôle de concentrer la lumière qui forme une tâche lumineuse. Sans lui, la tâche serait plus étalée. Celle-ci apparaît moins nette sur les bords qu'avec des volets ou un snoot. En pratique, il sert à isoler le sujet de l'arrière-plan, comme on le voit sur la photo de la page suivante. Il en existe plusieurs sortes : du modèle circulaire ou rectangulaire adapté au flash Cobra ou de studio, au grand modèle couvrant intégralement une boîte à lumière.

Dans ce cas, la grille en tissu est flexible et les alvéoles sont rectangulaires. Elle permet d'obtenir à la fois une lumière douce, grâce à la grande surface de la boîte à lumière, et un éclairage concentré. En plaçant l'ensemble légèrement de côté par rapport au sujet, nous pouvons couper le flux lumineux allant vers l'arrière-plan et n'éclairer que le sujet.

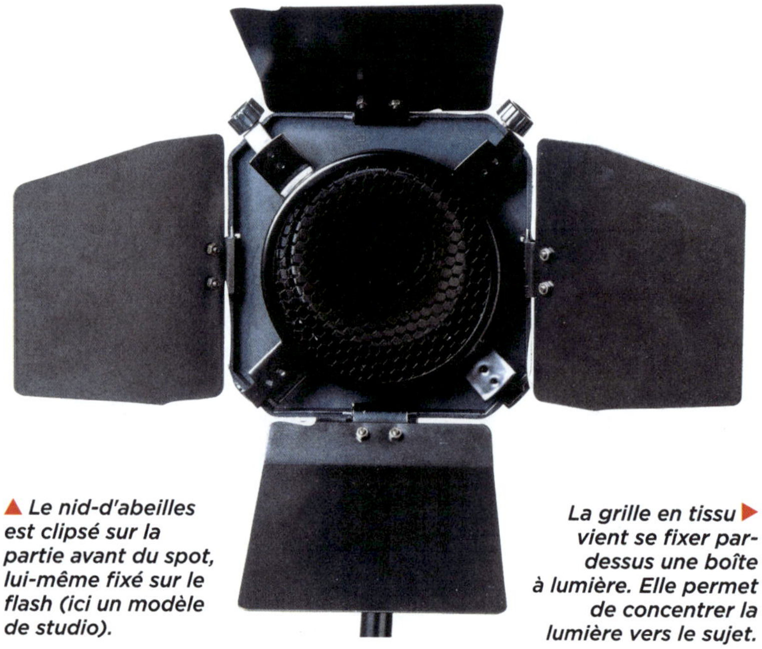

▲ *Le nid-d'abeilles est clipsé sur la partie avant du spot, lui-même fixé sur le flash (ici un modèle de studio).*

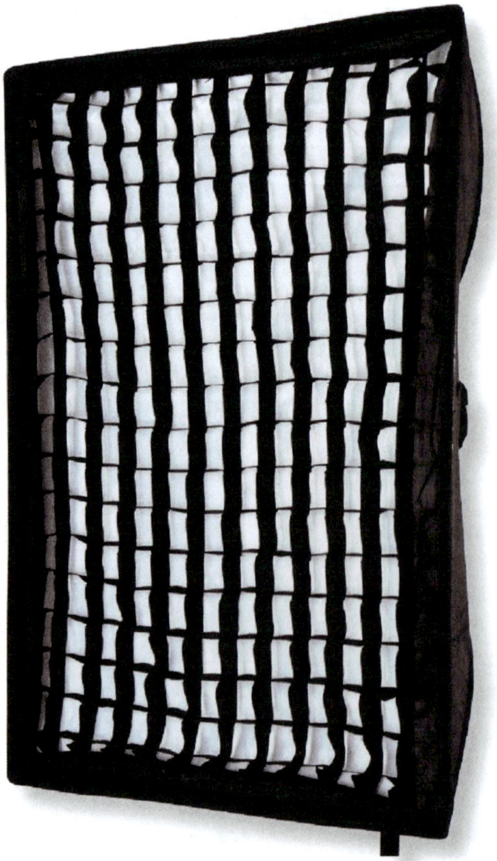

La grille en tissu ▶ vient se fixer par-dessus une boîte à lumière. Elle permet de concentrer la lumière vers le sujet.

En utilisant un nid-d'abeilles fixé sur une tête de flash placé à environ un mètre du visage, on obtient une lumière dure et concentrée.

BOÎTE À LUMIÈRE ET OCTOBOX

Ces deux diffuseurs conviennent à beaucoup d'usages. La boîte à lumière est notre préférée pour sa polyvalence.

Si nous devions choisir un seul type de diffuseur, ce serait une boîte à lumière rectangulaire (softbox) de 100 x 80 cm. Elle convient à tous les usages, notamment pour le portrait en englobant aisément le modèle jusqu'à mi-corps. Elle permet d'obtenir indifféremment une lumière dure en l'éloignant du sujet et une lumière douce quand nous l'approchons tout près. Nous conseillons aussi de choisir un modèle équipé d'un nid-d'abeilles flexible qui vient se fixer sur l'avant de la boîte et recouvrir intégralement le diffuseur.

CHOISIR PLUTÔT UNE GRANDE TAILLE

Il existe des modèles de tailles différentes. La plus "passe-partout" est de 80x100 cm. Elle permet d'éclairer la plupart des sujets en studio. Au besoin, on peut ajouter une seconde softbox, dans ce cas il faut aussi un deuxième flash. De plus, la forme rectangulaire permet d'orienter la boîte soit en hauteur soit en largeur par rapport au sujet, voire en travers. Enfin, il est possible de l'orienter vers le sujet afin de maximiser la taille de la surface de diffusion ou bien de la tourner légèrement si l'on veut au contraire réduire la surface. Auquel cas, nous pouvons éclairer le sujet et une partie de l'arrière-plan.

L'OCTOBOX OFFRE DAVANTAGE DE RONDEUR

Pour réaliser des portraits, on peut préférer une octobox, qui est un dérivé de la softbox. Elle produit un halo plus rond que celui de la softbox, et surtout le reflet dans les yeux du modèle semble plus naturel puisqu'il évoque celui d'une lampe ou du soleil.

INCONVÉNIENT : LE PLIAGE

Si vous pouvez disposer d'un studio fixe, tant mieux. La softbox ou l'octobox trouveront toujours une place de rangement sans devoir les démonter et les remonter. Dans le cas contraire, il faut prendre le temps de les plier et déplier, ce qui n'est pas aussi rapide qu'on l'imagine, sans oublier le risque de les abîmer à force de manipulation. Le parapluie est bien plus commode, mais il ne rend pas les mêmes services. Alors, offrez-vous les deux !

COMMENT MONTER UNE BOÎTE À LUMIÈRE (SOFTBOX)

■ Un socle, quatre tiges, une partie couvrante en plastique noir d'un côté et argent de l'autre, une partie blanche translucide servant de diffuseur, voilà la composition d'une softbox. Le montage consiste à fixer les tiges aux quatre de la partie couvrante et à celles du socle, puis à couvrir l'ensemble avec la partie diffusante. Notez que l'on peut utiliser une softbox sans son diffuseur. Il fournit alors davantage de lumière grâce à la réverbération de la partie argentée à l'intérieur de la partie couvrante.

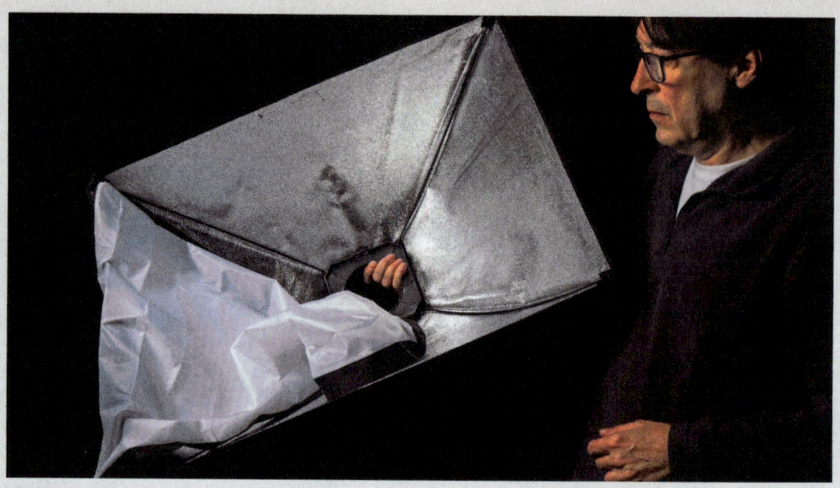

LA SOFTBOX UTILISÉE COMME ÉCLAIRAGE PRINCIPAL

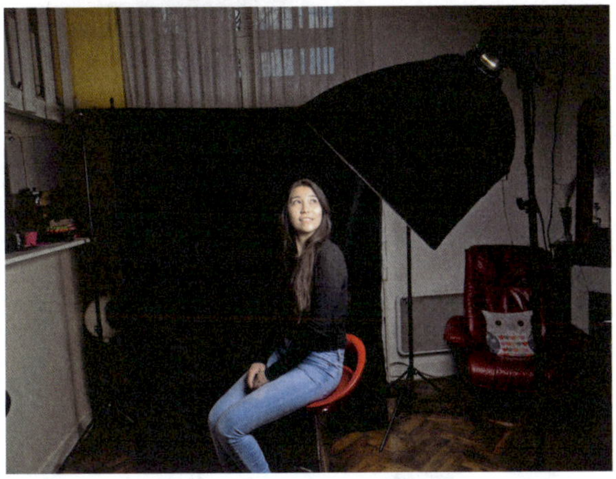

■ Elfira, notre sympathique modèle, pose au milieu du studio. Nous avons posé une softbox à sa droite, en haut et à 45°, tournée vers elle. La boîte est placée très près de son visage de manière à obtenir la plus grande surface éclairante possible. L'appareil, situé à environ trois mètres, est équipé d'un objectif à longue focale de 150 mm. Les paramètres d'exposition : 1/200 s, f:8, 100 ISO. Que du classique pour ce genre de portrait. Résultat : une belle lumière douce, diffuse sur le visage, la chevelure, le cou et l'épaule. La diffusion permet de gommer les petites imperfections.

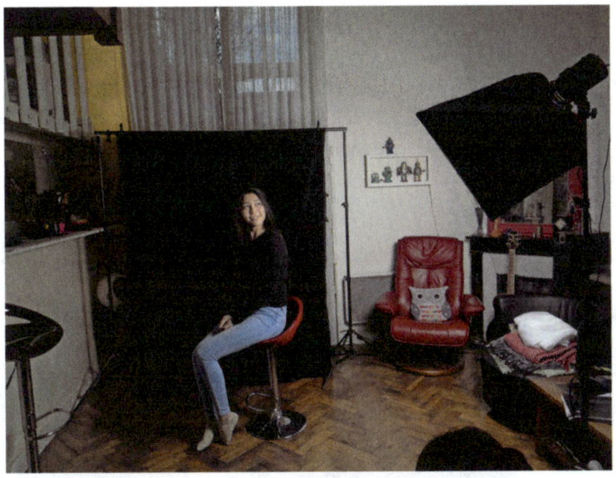

■ Nous avons conservé les mêmes réglages que pour la prise de vue précédente. Seule modification : nous avons reculé la softbox d'environ 1 mètre. La distance paraît plus importante sur notre photo du shooting (ci-dessus) à cause de la prise de vue avec un objectif grand-angle. Résultat : la lumière est devenue plus dure à cause de l'éloignement de la softbox, révélant les petites imperfections. De plus, les reflets dans les yeux apparaissent plus petits. Conclusion : il ne faut pas hésiter à approcher une softbox au plus près du sujet, surtout si c'est le seul éclairage employé.

PARAPLUIE : À LA FOIS RÉFLECTEUR ET DIFFUSEUR

Très pratique quand le manque de place oblige à ranger le matériel de studio, c'est un modificateur efficace et polyvalent, donc indispensable.

Un grand calque...

Si votre budget ne permet de vous équiper immédiatement, rien n'interdit de bricoler une softbox ou un parapluie avec une grande feuille de calque ou du voilage, un grand carton, de l'adhésif, un vrai parapluie et du papier alu.

Dans la vie, le parapluie sert à protéger de la pluie ou, sous la forme de parasol, à éviter le soleil. En photo, au contraire, il sert à réfléchir la lumière de l'éclair envoyé par le flash vers le sujet. Le flash est alors tourné vers l'intérieur du parapluie maintenu par une tige à la tête du flash. Nous obtenons une grande surface circulaire éclairante. Autre cas de figure : le parapluie peut servir de diffuseur. Sa tige est fixée dans l'autre sens de la tête du flash, et le parapluie se situe entre le flash et le sujet. Le revêtement est translucide et blanc comme sur la photo ci-contre.
Cette double possibilité le rend plus polyvalent que la boîte à lumière, avec, en plus, l'avantage d'être facile à monter, démonter, déplacer autour du sujet et à emporter avec soi. Sa forme circulaire crée un halo rond qui convient dans beaucoup de situations. Nous conseillons de vous en équiper, en plus d'une softbox ou comme premier modificateur.

LES MODÈLES PARAPLUIE OCTOBOX AVEC DIFFUSEUR ET GRILLE

Il existe aussi des parapluies sur lesquels on peut fixer un diffuseur. Le parapluie comporte un trou afin de faire entrer le pied du flash. Il s'agit en fait d'une version d'octobox complète avec diffuseur et même possibilité d'ajouter devant une grille flexible.

Nous retrouvons la lumière douce d'une softbox. Ici, le parapluie a été utilisé comme diffuseur.

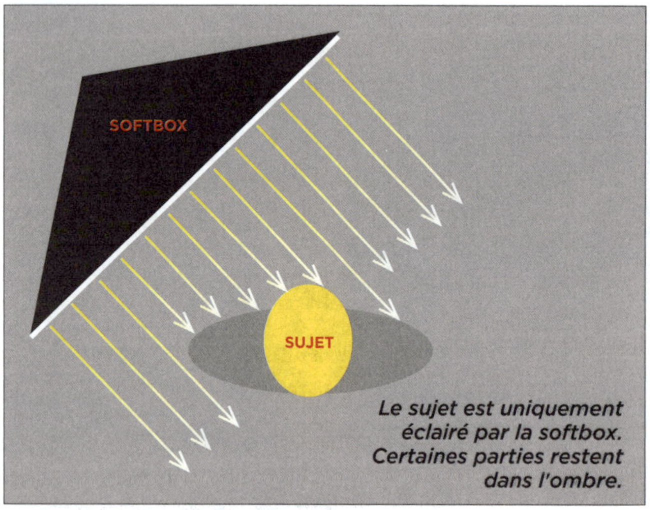

Le sujet est uniquement éclairé par la softbox. Certaines parties restent dans l'ombre.

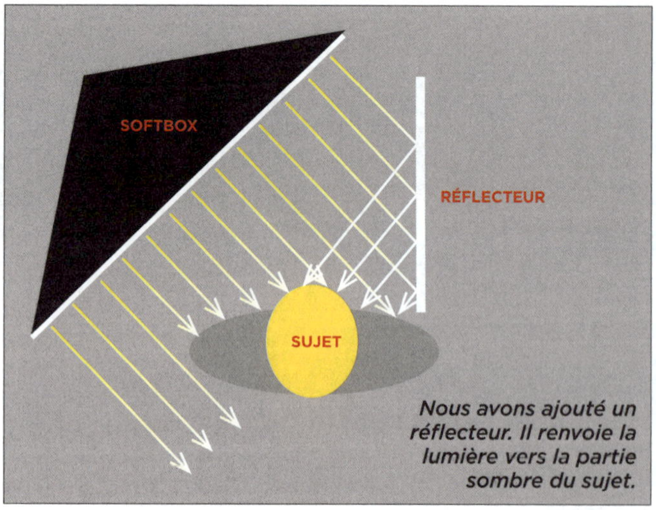

Nous avons ajouté un réflecteur. Il renvoie la lumière vers la partie sombre du sujet.

LE RÉFLECTEUR, ÉCLAIRAGE D'APPOINT POUR REMPLIR LES OMBRES

Un moyen simple et économique d'éclairer les ombres qui se forment sur le sujet consiste à utiliser une surface claire sur laquelle la lumière vient rebondir.

Ô mon beau miroir...

Le miroir est le réflecteur le plus performant puisqu'il renvoie un maximum de lumière émise par un flash. Au besoin, on peut diminuer son pouvoir réfléchissant en collant du papier calque dessus.

Jusqu'ici, dans ce chapitre, nous n'avons évoqué que des diffuseurs placés entre le flash et le sujet. Souvent, cet éclairage unique ne suffit pas, même s'il est d'une grande surface – une grande softbox, par exemple –, car il subsiste des zones d'ombre impossibles à gommer - on emploie souvent le verbe "remplir". Une solution consiste à utiliser un second flash destiné à éclairer de l'autre côté. Plus loin, nous verrons que c'est une excellente idée, autant au plan technique qu'artistique, du fait que cela permet d'être très précis dans la création de l'éclairage.

UN ACCESSOIRE QU'ON A TOUS CHEZ SOI

Autant il est préférable d'acheter une boîte à lumière ou un parapluie plutôt que le fabriquer, autant il est possible et facile de bricoler un réflecteur de fortune ; un carton blanc, une plaque en bois ou en polystyrène, un miroir, un vieux drap, tout est bon pour réfléchir… la lumière.

N'importe quel carton blanc brillant ou mat peut faire office de réflecteur. Ici, une plaque achetée 5 euros.

LE CINQ-EN-UN PRATIQUE ET PAS CHER

Assurément, c'est l'accessoire le plus commode en matière de réflecteur puisqu'il

contient jusqu'à cinq panneaux circulaires réunis dans un grand emballage avec fermeture Éclair : noir, blanc argenté, doré plus un diffuseur blanc. Chaque panneau est très léger, l'ensemble se transporte aisément.

COMMENT POSITIONNER CORRECTEMENT UN RÉFLECTEUR

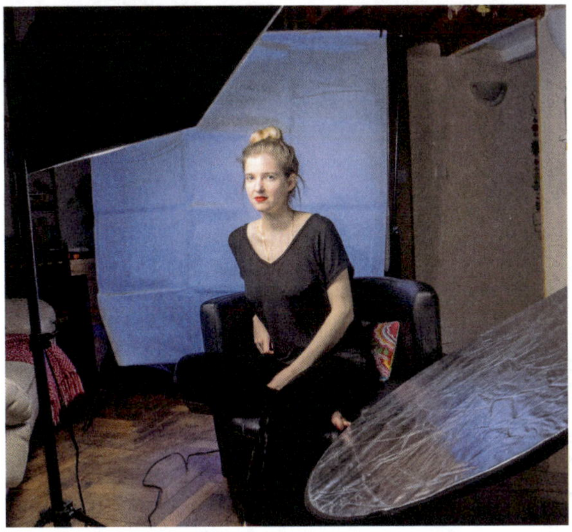

Alix, notre modèle, est éclairée par une boîte à lumière placée à gauche et en hauteur. Elle sert d'éclairage principal. Cependant, les ombres apparaissent nettement sur le visage et le cou du côté opposé à l'éclairage. Nous avons donc ajouté un réflecteur argenté orienté vers le visage. Ici, nous avons fait exprès de ne pas l'approcher suffisamment. L'effet n'est donc pas probant, les ombres demeurent trop marquées sous le nez, le menton et au niveau du cou.

Nous avons uniquement approché le réflecteur très près d'Alix. Cette fois, les ombres sont bien débouchées, le visage et le cou apparaissent plus doux tout en conservant un modelé agréable. Conclusion : il ne faut pas hésiter à coller le réflecteur au modèle qui peut également le tenir lui-même, l'accessoire étant très léger.

SNOOT : L'ACCESSOIRE QUI CONCENTRE L'ÉCLAIR

Pour certains shooting, il peut être nécessaire de concentrer l'éclair. On utilise alors un snoot fixé devant la tête du flash.

Cette photo prise dans une cathédrale met en évidence la répartition de la lumière lorsqu'elle est canalisée par une petite ouverture. Elle arrive droit sur les visiteurs au centre, le reste étant plongé dans la pénombre. Le snoot fonctionne selon ce principe. Il est formé d'une série de cônes emboîtés et mobiles, permettant de moduler la taille du trou par rapport au flash. Ainsi, plus le trou est petit, plus la tâche sera petite et inversement. Cet accessoire est plus efficace qu'une grille en nid-d'abeilles du fait que la transition entre la partie claire et sombre de la tâche est plus nette avec un snoot.

Snoot avec nid-d'abeilles

Certains snoots sont équipés d'un nid-d'abeilles, ce qui concentre davantage la lumière.

FABRIQUER UN SNOOT AVEC UN MORCEAU DE PAPIER NOIR ÉPAIS

Ci-dessous, nous avons bricolé un snoot à l'aide d'une demi-feuille de papier Canson noir. Une fois enroulé et maintenu avec de l'adhésif, nous l'avons fixé au bout de notre flash Cobra.

LA SÉANCE PHOTO...

Les photos des pages suivantes n'auraient pas pu être réalisées sans le recours au snoot. L'idée est de montrer le visage de Kyara à travers un voilage pour suggérer qu'elle regarde par une fenêtre. L'effet recherché : faire apparaître le voilage sur son visage. Sans snoot, l'éclair du flash n'est pas assez concentré. Même en éloignant le flash au maximum du voilage, l'effet ne peut pas être correctement rendu. Nous avons fait plusieurs essais, ceux des pages suivantes montrent le résultat recherché.

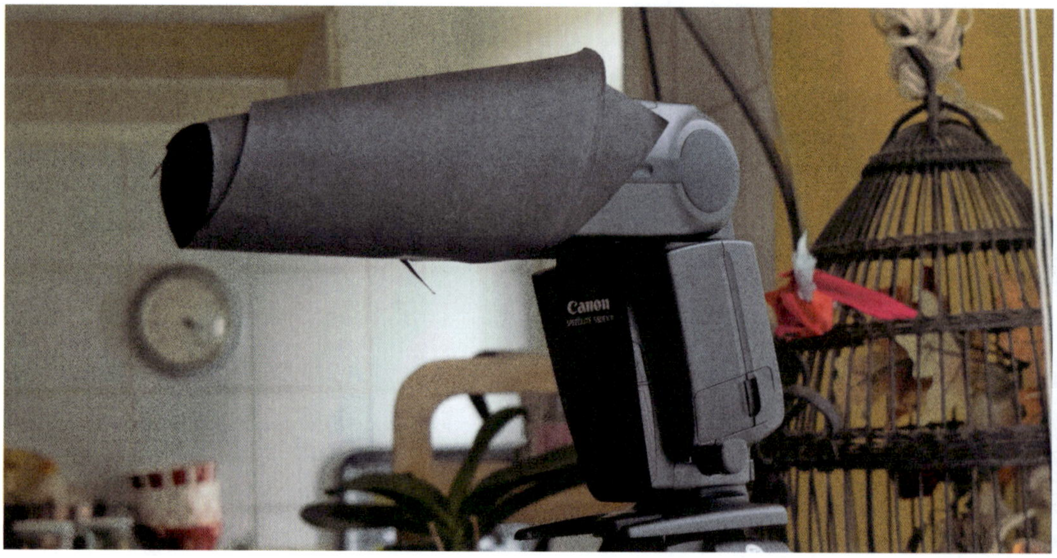

Un morceau de papier Canson enroulé autour de la tête du flash devient un snoot.

Cette prise de vue a été réalisée au flash Cobra, mais sans utiliser de snoot. L'effet recherché sur le visage n'est pas visible. En ajoutant le snoot, il le devient, voir pages suivantes

Quelques variantes d'utilisation du snoot. La mise en place correspond à celle de la page précédente, à ceci près que nous avons dû changer de voilage. Celui en rouge était trop épais et ne laissait pas passer suffisamment de lumière à travers lui. Nous avons donc opté pour un autre voilage acheté trois euros le mètre !

La photo verticale de la page suivante montre bien la tâche de lumière concentrée provenant du snoot, donnant la sensation d'un halo de lampe torche.

Les réglages du flash ont été effectués en manuel, jusqu'à obtention de l'exposition correcte.

1/160s, f:8, 400 ISO

DERRIÈRE LA VITRE

Autre modèle, Alix. Nous avons conservé le principe d'intégrer un obstacle dans la scène, cette fois une vitre. But recherché : une atmosphère douce. Contrainte : n'utiliser qu'un éclairage principal (softbox) et un réflecteur. Durée de la séance : 1 heure.

LE MATÉRIEL UTILISÉ POUR CETTE SÉANCE PHOTO

1. Pied photo pour tenir la plaque en plexiglas.
2. Plaque en plexiglas
3. Pinces de maintien de la plaque
4. Réflecteur
5. Vaporisateur d'eau
6. Boîtier hybride Olympus OM-D EM1 avec zoom 14-140 mm (équivalent 28-280 mm)
7. Boîte à lumière + flash
8. toile noire d'arrière-plan

+ une assistante, un photographe (votre serviteur), sans oublier Alix, le modèle. L'éclairage est un flash de studio utilisé en mode manuel.

1 MISE EN PLACE DE LA SCÈNE

Après avoir installé la toile de fond noire sur le stand, nous fixons le plexiglas sur un trépied à l'aide de deux grosses pinces. Puis Alix prend place. La boîte à lumière est dirigée vers elle. Le placement de la softbox est problématique à cause de son reflet dans le plexiglas. Solution : le positionner de côté et suffisamment haut.

1/250 s, f:18, 400 ISO, 70 mm, flash manuel

2 PREMIERS ESSAIS DE LUMIÈRE

Les paramètres d'exposition : une vitesse rapide pour éviter le flou de bougé, donc 1/250 s. Une ouverture à f:18 car nous souhaitons le maximum de profondeur de champ. Du coup, nous poussons la sensibilité à 400 ISO, une valeur parfaitement gérée par le boîtier Olympus OM-D EM-1. Nous gagnons en lumière ce que la petite ouverture a fait perdre.

3 AJOUT DE L'EAU SUR LA VITRE

En vaporisant l'eau sur la vitre, les gouttelettes se forment. L'effet est sympa et nous apporte deux bénéfices : le visage d'Alix est plus doux et les défauts d'arrière-plan (sur la toile) disparaissent. Il n'est plus temps de passer l'aspirateur, il aurait fallu y songer avant. Enfin, nous demandons à Alix de se tourner vers nous et de nous regarder.

4 POSES DIVERSES

Vous. n'entendez pas la musique de fond qui vient de la télé sur la chaîne djazz.tv (chez Free). Nous mettons toujours un fond sonore qui crée un climat sympa lors des shootings (parfois les goûts de modèles ne sont pas les nôtres !). Alix essaie plusieurs poses. Elle pose les mains sur la vitre, bonne idée, on prend. Dommage que le plexiglas soit un peu petit, nous n'avons rien d'autre sous la main, donc nous faisons avec.

5 AJOUTER UN RÉFLECTEUR ET PETIT CŒUR

Le côté droit est plongé dans l'ombre à cause du placement de la boîte à lumière. Il reste un reflet en haut à gauche de la vitre, ce qui nous oblige à resserrer le cadre. À ce stade, deux options se présentent : remplir les ombres avec un réflecteur ou un flash à droite. Nous choisissons le réflecteur argenté à portée de main, facile à placer.

À DÉCOUVRIR DANS CES PAGES

TRAVAILLER AVEC PLUSIEURS FLASHS

Certains effets sont difficiles, voire impossibles, à créer avec un seul éclairage. Notamment un arrière-plan illuminé ou une chevelure mise en relief. Plus généralement, dès que l'on cherche à attirer l'attention sur deux ou plusieurs éléments, la solution consiste à utiliser plusieurs flashs et des réflecteurs d'appoint, si besoin. Un excellent exemple est l'éclairage d'un arrière-plan gris qui devient blanc ou noir selon qu'il est éclairé à l'aide d'un flash dédié ou pas.

POURQUOI A-T-ON PARFOIS BESOIN D'AJOUTER UN OU PLUSIEURS FLASHS ?

Un éclairage unique, avec un diffuseur et un réflecteur, ne suffit pas toujours à éclairer correctement la scène en studio. Dans ce cas, il faut ajouter un éclairage, voire plusieurs.

Jusqu'ici, nous nous sommes contentés d'utiliser un seul éclairage, dit "principal", avec son diffuseur, par exemple une boîte à lumière. Pour remplir les ombres trop présentes sur les sujets, nous avons ajouté un réflecteur chargé de renvoyer la lumière principale vers eux. Voilà le principe de base de l'éclairage en studio. Et quand les sujets s'y prêtent, en portrait, c'est la bonne solution, éprouvée, qui donne un résultat probant. Sauf que, parfois, le couple éclairage principal avec réflecteur ne suffit pas. En fait, le problème vient du réflecteur qu'il est impossible de placer correctement sans qu'il n'entre dans le champ. On le voit ! Du coup, puisqu'il faut l'éloigner pour qu'il soit hors-champ, il ne renvoie plus suffisamment de lumière vers le sujet.

REMPLACER LE RÉFLECTEUR PAR UN FLASH

Rappelons-nous que la lumière diminue rapidement en fonction de la distance entre la source et le sujet (loi du carré inverse). Donc si le réflecteur est placé loin de la source – ce n'est pas toujours le cas, mais ça arrive – alors la distance entre la source et le réflecteur, à laquelle il faut ajouter celle entre le réflecteur et le sujet, devient trop importante pour obtenir l'éclairement nécessaire. La solution la plus simple ? Installer un deuxième flash. En effet, il est facile de le placer hors-champ et il délivre la quantité de lumière nécessaire. De plus, la température de la lumière ne varie pas d'un flash à l'autre, donc pas de problème à gérer de ce côté-là.

DES POSSIBILITÉS DE RENDUS PLUS ÉTENDUES

Autre raison d'utiliser un deuxième flash : il permet d'obtenir des rendus plus sophistiqués, notamment en illuminant l'arrière-plan séparément du sujet principal ou en créant un effet de silhouette si on l'éclaire de derrière. Enfin, rien n'interdit de placer aussi un réflecteur ou plusieurs, d'utiliser un troisième flash et toutes sortes de modificateurs. Ainsi, on peut placer une boîte à lumière devant et sur le côté, un réflecteur près du sujet, puis éclairer le fond avec un deuxième flash éventuellement équipé d'un filtre de couleur, et ajouter un troisième flash à l'arrière de manière à éclairer les cheveux du sujet. Ce type de mise en place est très classique. Le plus difficile est de sortir des sentiers battus...

TTL ou manuel ?

Personnellement, nous préférons le tout manuel, que ce soit pour fixer les paramètres du boîtier et la puissance des flashs. Avec les appareils numériques, il est facile de contrôler les prises de vue sur l'écran arrière. Les bons boîtiers offrent la possibilité de voir les zones écrêtées (brûlées) et sous-exposées, sans compter l'affichage de l'histogramme.

DEUX FLASHS EN MODE E-TTL

À gauche, les deux flashs ont été réglés en mode E-TTL, sans correction d'exposition. Le rendu est plat et l'auto semble surexposée. À droite, nous avons coupé le flash de gauche et légèrement diminué la puissance de l'autre.

DEUX FLASHS EN MODE MANUEL

Flash à droite (1/4)

Flash à gauche (1/4)

Les deux flashs (1/4 +1/4)

■ Les prises de vue ont été réalisées avec deux flashs réglés en mode manuel en diminuant les éclairs au 1/4 de la puissance maximale. Les flashs ont été positionnés devant le sujet, sur les côtés, à 45°. L'appareil a été réglé aussi en mode manuel : 1/200 s, f:13 et 100 ISO.
La photo ci-contre montre le résultat avec les deux flashs actifs. L'éclairage est homogène, mais l'ensemble donne un rendu plat, sans relief. Ci-dessous, nous avons augmenté la puissance du flash de gauche à 1/2 de la puissance maximale et diminué celui de droite à 1/8. L'auto gagne en relief, avec une légère surexposition sur la partie gauche : 1/4 de puissance aurait été préférable (ça se rattrape dans Lightroom). Pour obtenir un fond sombre, nous avons placé sur les côtés des flashs, des coupe-flux en carton noir tenus avec des élastiques.

Les deux flashs (1/2 +1/8)

COMMENT MODIFIER LA TEINTE DE L'ARRIÈRE-PLAN AVEC UN FLASH

À partir d'un fond gris uni, il est facile de créer un fond blanc ou noir. Dans le premier cas, un flash supplémentaire est nécessaire, dans le second, un morceau de carton suffit.

Noir et blanc

Parfois, il est difficile de changer la teinte de l'arrière-plan avec un fond gris. C'est pourquoi, nous conseillons de vous équiper aussi de fonds noir et blanc.

Pour obtenir les différents arrière-plans des photos de la Fiat, nous n'avons pas remplacé les fonds. C'est toujours le même : un gris moyen, comme ci-dessus. La technique permettant de rendre l'arrière-plan blanc est simple. Derrière la Fiat, nous avons posé un petit flash tourné vers le fond. Son éclair illumine la surface grise qui devient blanche. Le réglage de la puissance du flash ne pose pas de problème : nous sommes passés en mode Manuel et avons envoyé le maximum de lumière. Au besoin, nous aurions pu réduire un peu la puissance, mais ce n'est pas grave si le fond est cramé. Au contraire, cela permet d'obtenir un détourage simple en post-production dans Photoshop, par exemple.

OBTENIR UN ARRIÈRE-PLAN NOIR

Cette fois, la technique est encore plus simple. Pas besoin d'un second flash, mais

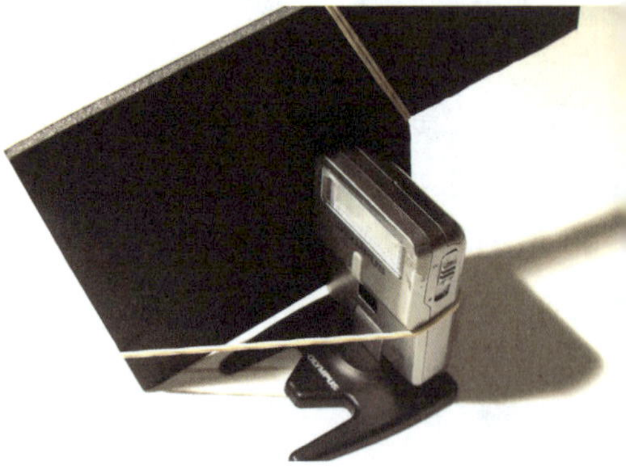

d'un morceau de carton noir faisant office de coupe-flux. Nous l'avons attaché au flash principal avec des élastiques sur le côté de manière que l'éclair soit bloqué par le carton. Retenez bien le principe, il s'applique dans de nombreux autres cas pour modeler précisément l'éclairage.

Le petit flash, derrière la Fiat, illumine le fond gris, qui devient blanc.

Nous avons utilisé un snoot en carton pour éclairer uniquement la Fiat. Du coup, le fond devient noir.

UTILISER DES FILTRES COLORÉS

Voici la technique permettant de réaliser des ambiances colorées. Matériel nécessaire : des flashs et des gélatines à placer devant.

En concert, boîte de nuit ou dans la rue la nuit sous un néon rouge, les éclairages colorés teintent les objets. En studio, nous pouvons facilement recréer ce type d'ambiance à l'aide de filtres de couleur. Il suffit de les placer devant la tête du flash. Ici, nous avons repris le setup de la Fiat – en changeant d'auto pour varier. Nous avons fixé avec de l'adhésif un filtre bleu sur le petit flash. En termes d'exposition, ce filtre absorbe la lumière, donc il est nécessaire d'augmenter légèrement la puissance de l'éclair, encore que ce n'est pas obligé.

1/250 s, f:9, 100 ISO

PLUSIEURS TEINTES NÉCESSITENT AUTANT DE FLASHS

Nous pouvons entièrement composer l'ambiance d'une scène en fixant des filtres colorés (gélatines) différents sur chaque flash. C'est aussi de cette manière que nous pouvons vérifier comment agit chaque éclairage sur le sujet puisque chaque flash a sa propre couleur. Sur notre photo de la page suivante, nous constatons que l'ombre sous l'auto provient essentiellement du flash arrière avec filtre bleu. Enfin, un filtre jaune permet de corriger la couleur froide bleutée de certains flashs qui se mêle à une ambiance d'intérieur naturellement plus chaude (orangée).

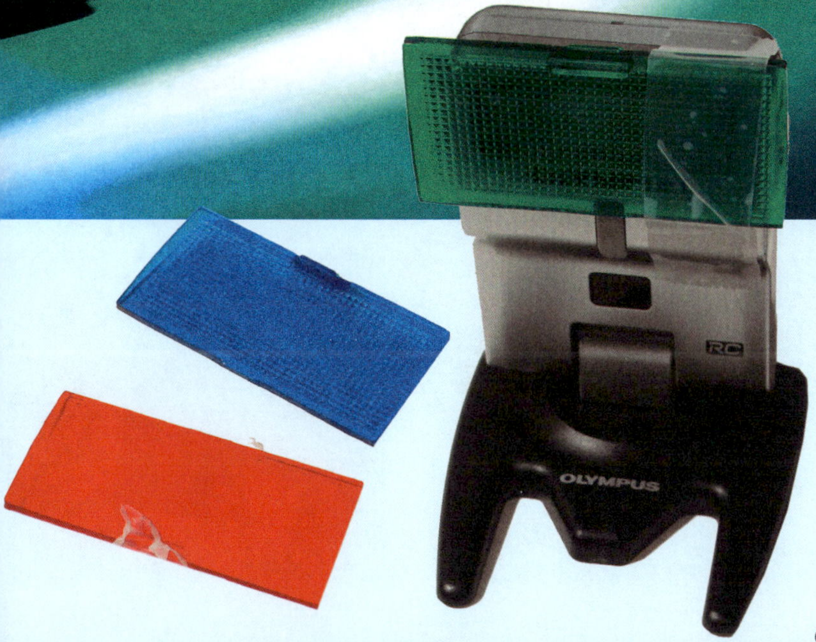

MIEUX QUE PHOTOSHOP

Bien sûr, il est possible de créer artificiellement des fonds colorés, avec Photoshop, à partir d'un arrière-plan uni. Cependant, prendre le temps d'en réaliser un avec des filtres colorés est tellement plus gratifiant. Et surtout, les reflets, ici sur la calandre, apparaîtront beaucoup plus réalistes.

DEUX FLASHS AVEC UN ET DEUX FILTRES

La mise en place est simple : la boîte à lumière fait office d'éclairage principal, et un réflecteur en carton blanc remplit les ombres (pas assez d'ailleurs). La première photo (ci-contre) donne un rendu classique, avec un arrière-plan en halo gris, plus sombre sur les bords. Cet effet est dû à la boîte à lumière uniquement. Puis, nous avons placé un deuxième flash derrière Manuel, orienté vers le fond et muni d'une gélatine rouge. Enfin, nous avons fixé un "cinq-en-un" histoire de rendre une ambiance plus exotique (page suivante).

1/250 s, f:8, 200 ISO

1/125 s, f:2.2, 200 ISO

Quelques variantes de la séance. Sur la photo à droite, le flash principal ne s'est pas déclenché. C'est l'occasion d'observer la contribution du second flash muni de sa gélatine rouge. Ci-dessus et page suivante, nous avons utilisé une gélatine supplémentaire bleue, fixée sur le flash principal. Il a fallu déplacer la boîte à lumière de manière à ne pas avoir de bleu sur l'arrière-plan rouge.

1/100s, f:8, 200 ISO

ÉCLAIRER LA CHEVELURE POUR LUI DONNER DU RELIEF

Un deuxième flash est nécessaire pour créer cet effet qui met la chevelure en valeur et dessine la silhouette du sujet. Il s'applique aussi bien au portrait qu'à des objets.

Ça pique !

Éclairer les végétaux par l'arrière permet de mettre leur structure en relief et souvent de les observer en transparence.

Très simple à créer, cet effet donne un rendu spectaculaire et agréable en mettant les cheveux en valeur. Le portrait gagne à coup sûr en dynamisme : les cheveux prennent vie et donnent l'illusion du mouvement.

LA MISE EN PLACE

En fait, nous plaçons l'éclairage principal devant le modèle, un peu de côté et en hauteur afin de modeler le visage et le buste. Une fois cette lumière en place en utilisant une boîte à lumière ou une octobox, nous prenons quelques vues de contrôle. Ce n'est qu'ensuite que nous ajoutons un deuxième flash derrière le sujet, de manière qu'il n'apparaisse pas dans le champ. Pour cela, nous fixons le flash sur un trépied à environ 1 m du sujet et nous dirigeons le spot vers la nuque. Reste à doser la puissance de l'éclair en manuel de préférence. Et c'est tout.

L'ÉCLAIRAGE DE CÔTÉ

Nous pouvons aussi déplacer le flash arrière de côté et non dans l'axe du modèle. En le surélevant au-dessus du niveau des cheveux, le reflet sera plus conventionnel en éclairant une partie de la chevelure. Il est même possible de placer ce deuxième éclairage de l'autre côté du modèle.

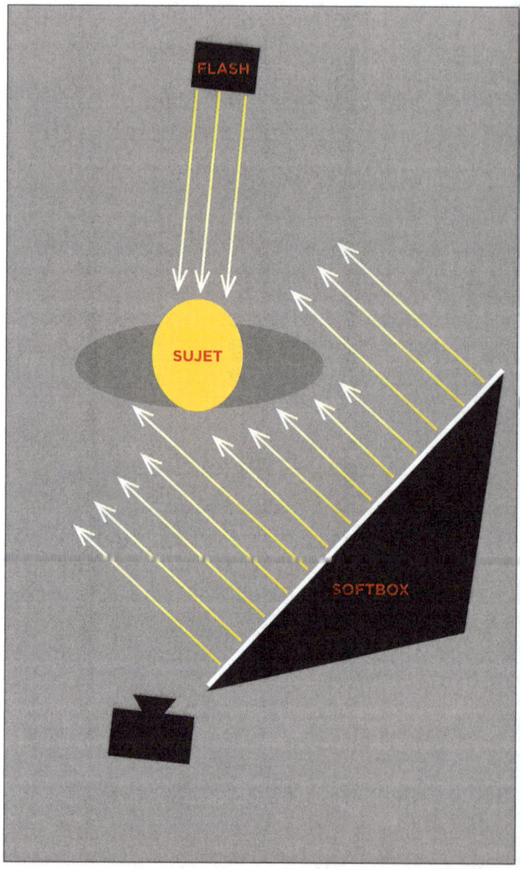

ESSAIS DE PLACEMENT DU FLASH ARRIÈRE

Ici, nous avons utilisé le flash arrière sans modificateur, ce qui rend la lumière dure. Nous avons réglé le zoom du flash en position grand-angle. Le placement du flash n'est jamais évident : il dépend de la forme et de la densité de la chevelure. Et souvent, il faut peigner quelques cheveux hirsutes.

1/320s, f:8, 100 ISO

1/320 s, f:5, 200 ISO

FLASHS EN ACTION

Deux flashs, une boîte à lumière, voilà l'éclairage employé pour cette séance. Une fois le modèle installé devant la toile de fond, nous avons placé les flashs sur les côtés (voir ci-contre). Nous voulions un rendu "Low key" comportant beaucoup d'ombres. Les réglages de lumière ont été réalisés à la louche entièrement en manuel. En conservant le même dispositif, nous avons demandé au modèle de tenir différentes poses. Un simple repositionnement a été nécessaire. Concernant les paramètres, nous avons joué sur la sensibilité et l'ouverture pour gagner de l'éclairage quand c'était nécessaire.

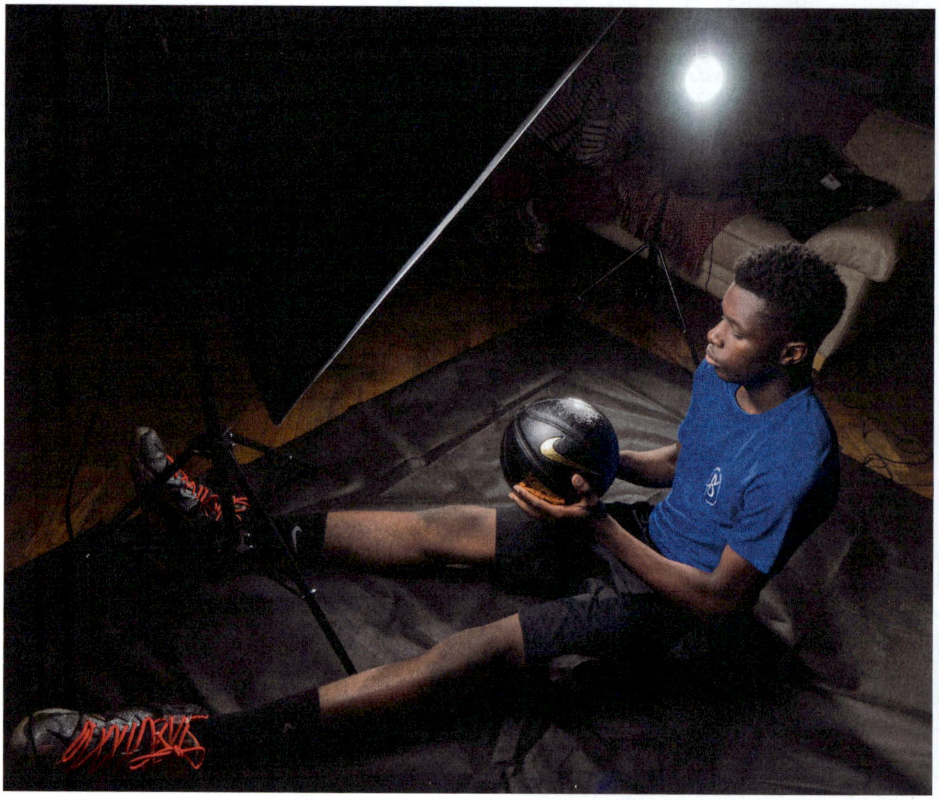

1/320 s, f:7, 100 ISO

1/200 s, f:11, 200 ISO

■ Autre dispositif pour ces prises de vue en plongée qui ont nécessité de shooter depuis une mezzanine. Un premier flash avec boîte à lumière a été placé près de l'appareil, très en hauteur afin d'illuminer le modèle. L'effet de halo autour de la tête et des épaules est produit par le second flash situé derrière le modèle.

1/320 s, f:5.6, 100 ISO

Le plus difficile a été de trouver la solution pour que l'ombre du ballon ne masque pas les yeux !

À DÉCOUVRIR DANS CES PAGES

LE MATÉRIEL DE STUDIO

Vous avez déjà vu notre studio photo dans les chapitres précédents. Celui-ci lui est spécialement consacré, et c'est l'occasion de présenter les flashs de studio dont l'avantage est d'être alimenté par le réseau électrique (les piles des flashs Cobra reviennent chers à l'usage). De plus, ils sont équipés d'une lampe-pilote, qui permet d'observer l'éclairage de la scène. Pour déterminer la puissance des éclairs, le flashmètre est un auxiliaire utile mais n'est pas indispensable en numérique, de même que le tethering n'est qu'une commodité permettant de visualiser le rendu sur ordinateur.

FLASH COBRA VS STUDIO : AVANTAGES ET INCONVÉNIENTS

Pour un usage polyvalent, intérieur et extérieur, le flash Cobra est préférable. En revanche, les flashs de studio sont plus adaptés... en studio.

LAMPE-PILOTE POUR CONTRÔLER L'ÉCLAIRAGE

L'atout-maître du flash de studio est sa lampe-pilote. Placée au centre du spot contenant le flash proprement dit, elle s'allume et s'éteint à la demande du photographe comme n'importe quelle lampe halogène. Elle permet donc d'observer en détail comment la lumière de ce flash illumine le sujet, où se situent les hautes lumières et les ombres. Une fois satisfaits, nous déclenchons l'éclair. Ce système mixte, dont ne bénéficient pas la plupart des flashs Cobra - certains émettent une série de petits éclairs durant une seconde au total – évite d'éblouir le modèle à cause de la puissance de l'éclair, surtout s'ils sont répétés à quelques secondes d'intervalle. En somme, le flash de studio offre l'avantage de la lumière continue et celle de l'éclair bref et intense. Ceci lui donne un "plus" décisif.

PRISE ÉLECTRIQUE CONTRE PILES

Le flash de studio est directement alimenté par le secteur à l'aide d'un câble standard, tandis que le flash Cobra doit son autonomie à des piles. Là encore, précisons que certains flashs Cobra peuvent être alimentés par le réseau électrique. L'avantage, pour le flash de studio, est triple : le coût est moindre, le temps de recharge entre deux éclairs est plus court et la puissance de l'éclair reste constante.

UNE LUMIÈRE MOINS DURE AVEC UN FLASH DE STUDIO

Rappelons-nous que la douceur de l'éclairage est liée à la taille relative du flash par rapport à celle du sujet. Or, la tête du flash Cobra est plus petite que celle du flash de studio. Ce dernier produit une lumière plus douce, étant entouré d'un petit bol réfléchissant qui augmente la surface de l'éclair produit par l'anneau central. Et si nous avons besoin de durcir la lumière, nous savons quoi faire : éloigner le flash du sujet, quitte à augmenter sa puissance. Inversement, rendre la lumière du flash Cobra plus douce oblige à intercaler un diffuseur. Sa surface d'éclair reste trop petite même si on l'approche très près du modèle, ce que nous déconseillons.

LE KIT D'ÉCLAIRAGE STUDIO PRÊT À L'EMPLOI

Pour utiliser à bon escient un flash Cobra en studio, il est nécessaire de lui adjoindre des accessoires. À commencer par un support pour le fixer. On peut le fixer sur un trépied d'appareil photo, encore faut-il en avoir de disponible à cet usage. De plus, il est souvent nécessaire de l'équiper d'un système de déclenchement par radio, au cas où le boîtier ne peut pas directement piloter le flash à distance. Et si l'on utilise plusieurs flashs Cobra, il faut les équiper de transmetteurs radios supplémentaires. Des accessoires qui augmentent la facture. Le flash de studio est vendu avec son pied et un système de communication avec le boîtier. Au pire, ce sera un câble de synchro à relier à l'appareil. Souvent, un émetteur et un récepteur radio sont fournis. Ajoutons que le flash de studio peut être déclenché par l'éclair d'un autre flash de studio. Au final, un kit de deux flashs studio est plus facile à installer, à régler et à utiliser.

DES MODIFICATEURS MIEUX ADAPTÉS AU FLASH DE STUDIO

Certes, il existe des adaptateurs pour flash Cobra permettant de le coiffer d'une boîte à lumière et de fixer un parapluie, mais la tête d'un flash de studio est mieux adaptée à recevoir toutes sortes de modificateurs. D'autant qu'il existe des kits complets intégrant ces derniers.

ET LA PUISSANCE DE L'ÉCLAIR ?

Ça dépend. Certains flashs Cobra sont plus puissants que les flashs de studio d'entrée de gamme. Mais les modèles de flashs de studio haut-de-gamme, au contraire, sont plus puissants, mais beaucoup plus chers que les Cobra.

TTL OU MANUEL ?

Là aussi, ça dépend des modèles. En principe, la quasi-totalité des flashs Cobra gèrent le mode TTL, ce qui n'est pas toujours le cas des flashs de studio. Nous conseillons de travailler en flash manuel, donc ce point n'est pas important à nos yeux.

Photo réalisée avec un flash de studio équipé d'un parapluie diffuseur. Notre chat, Nuage, s'est invité dans les bras d'Elfira :-)

UN KIT DE STUDIO COMPLET À PETIT PRIX

■ Trois têtes de flash avec ampoules flash et lumière continue, trois pieds, deux boîtes à lumière, un parapluie réflecteur, un parapluie diffuseur blanc translucide, un spot avec volets (portes de grange) et des filtres gradués, plus les câbles de synchro et d'alimentation... le tout pour environ 300 euros, c'est ce que l'on peut dénicher sur les sites marchands de matériel photo. Franchement, si vous débutez ou comptez en faire un usage occasionnel, ces offres sont très intéressantes. Vous n'aurez pas le top, évidemment, mais de quoi vous entraîner et progresser.

ANATOMIE DU FLASH DE STUDIO

Ce type de flash se compose d'un spot avec les réglages situés à l'arrière ou sur le côté. La façade avant loge l'ampoule continue et le flash et reçoit les modificateurs.

INDICATEUR DE MARCHE

Le voyant s'allume quand le flash est alimenté. En coupant le courant, on peut encore déclencher si les condensateurs sont chargés.

LAMPE-PILOTE

L'interrupteur à trois positions permet d'allumer la lampe-pilote avec deux niveaux de luminosité

MARCHE / ARRÊT

L'interrupteur d'alimentation.

TROU POUR PARAPLUIE

Ce trou sert à passer et maintenir la tige d'un parapluie.

VARIATEUR DE PUISSANCE

Sur ce modèle d'entrée de gamme, la puissance de l'éclair se règle à l'aide d'un potentiomètre, de la pleine puissance (1:1) jusqu'au 1/8e. On ne peut pas la modifier à distance.

DÉCLENCHEMENT

En position I, l'interrupteur autorise le déclenchement à distance de ce flash par l'éclair d'un autre flash. Un système très pratique !

BOUTON DE TEST

L'appui sur ce bouton permet de déclencher un éclair, comme sur les flashs Cobra.

PRISE SYNCHRO

On y branche un câble Synchro PC ou un transmetteur radio.

PAS DE MODE TTL

■ La seule chose que nous demandons à ce flash est de délivrer des éclairs, après avoir réglé leur puissance à l'aide du potentiomètre. Il ne dispose pas de mode TTL, nous utilisons plutôt un flashmètre pour calculer la valeur du diaphragme en fonction de l'éclair, de la vitesse d'obturation et de la sensibilité.

TEMPÉRATURE ET PUISSANCE

■ Ce flash est réglé pour une température de couleur de 6000 Kelvin, à peu près, soit la lumière du jour. Sa puissance est de 500 W, ce qui est modeste comparé à des modèles qui délivrent plusieurs milliers de watts, mais amplement suffisant pour un petit studio photo.

NOTRE STUDIO EN PLACE

C'est notre salon qui sert de studio photo. Une pièce de 30 m² haute d'environ 4 m.

Vous avez aperçu notre studio tout au long des pages précédentes, mais pas encore en vue générale. Le voici, complet, juste avant un shooting. Il comprend d'autres accessoires non visibles ici, notamment des réflecteurs (divers cartons blancs) et des coupe-flux (petits cartons noirs) tenus avec des élastiques quand nous utilisons des flashs Cobra déportés. Nous n'en avons pas besoin ici avec les flashs de studio. Il manque également un extincteur et une deuxième boîte à lumière. Et l'appareil !

BOÎTE À LUMIÈRE (SOFTBOX)

Elle se fixe sur l'avant de la tête de flash à l'aide de quatre vis à main.

PIED DE FLASH

Entièrement déplié, il mesure plus de 2 mètres. Il est conseillé de le lester avec un objet lourd (pas ici).

FAUT-IL ÊTRE DANS LE NOIR ?

■ Il n'est pas toujours évident de rendre une pièce complètement obscure. Et ce n'est pas une obligation. Pour le savoir, réglez l'appareil sur une vitesse rapide à la limite de la synchro-X, soit 1/200 s ou plus si c'est possible. Prenez un cliché sans activer les flashs. Si la photo est noire, cela signifie que vous n'avez pas à faire plus d'obscurité. Sur cette photo, la fenêtre semble fermée. Pourtant, elle ne l'est pas. En revanche, si vous comptez shooter en vitesse lente, là oui, il faut être dans le noir complet sans quoi vous allez récupérer la lumière d'ambiance.

TÊTE DE FLASH DE STUDIO

Placée en hauteur, elle est fixée sur son trépied. La tête peut pivoter verticalement et horizontalement.

PARAPLUIE DIFFUSEUR

La tige du parapluie passe par un trou situé sous la tête du flash. Elle est maintenue par une vis.

FOND EN TOILE

■ Ce tissu mesure 6 x 3 m, suffisant pour couvrir le sol de la scène et le fond. Les plis ne seront pas visibles sur les photos.

INSTALLER LES FLASHS

Le temps de montage est d'environ 15 minutes, le plus long étant de déplier et placer la toile de fond.

1 FIXER LE FOND, LES PIEDS ET LES TÊTES DE FLASH

Où placer le stand ? De préférence devant une fenêtre qui sera masquée. C'est autant d'obscurité gagnée. Une fois le stand monté, nous déplions le fond. Partie pénible, d'autant que les pieds ne sont pas très stables. Nous conseillons de les lester avec un sac de sable. La toile doit être tendue de façon à éviter les gros plis, puis maintenue avec un minimum de trois pinces, sur les bords et au milieu. De plus, il est prudent de fixer la toile au sol avec du gaffer (adhésif) car il y a risque de se fiche par terre. L'alternative au tissu est le rouleau de papier. Il ne fait pas de plis, mais il est beaucoup plus fragile. Enfin, nous déplions et plaçons les pieds de flash.

2 BRANCHER LE CÂBLE D'ALIMENTATION

Rien de compliqué, le branchement se fait à l'aide d'un câble fourni avec le kit. Cependant, nous avons ajouté des rallonges de façon que le câble entier ne soit pas tendu avec le risque de se prendre les pieds dedans. Nous l'enroulons deux ou trois fois autour du pied et le faisons courir le long des murs, autant que possible pour qu'il ne nous gêne pas. Enfin, nous le branchons à une multiprise équipée d'un interrupteur général.

3 RELIER LE FLASH PAR CÂBLE SYNCHRO-PC

Le câble de synchro-PC fourni avec le flash de studio mesure 3 mètres. Par ailleurs, notre boîtier dispose de la prise nécessaire. Pourquoi se priver de cette méthode de liaison très économique ?
Sur le flash, nous branchons une extrémité du câble dans la prise Sync et l'autre à la prise du boîtier. C'est tout. Seul souci : il ne faut pas partir loin sans réfléchir à débrancher le câble. On risque de tout casser !

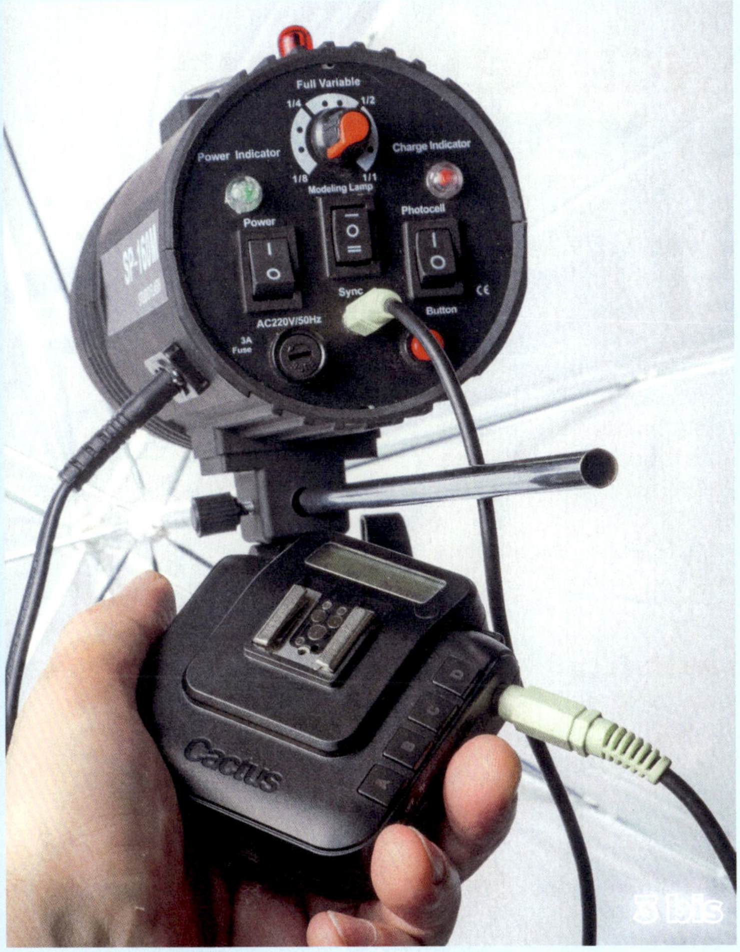

3 BIS UTILISER UN TRANSMETTEUR RADIO

L'alternative au câble PC est le système à base de transmetteurs radio, parfois fournis avec les kits studio. Ils sont préférables au câble. Notre kit n'en contenant pas, nous utilisons nos transmetteurs Cactus de bonne qualité. Il faut deux boîtiers : un pour le flash, l'autre pour le boîtier. Du côté du flash, le boîtier doit être en position Récepteur. Il se relie à la prise Sync à l'aide d'un câble jack de 3,5 mm, mâle-mâle (audio, ça fait l'affaire). Du côté de l'appareil, nous fixons l'autre boîtier Cactus sur la griffe porte-accessoire de l'appareil et réglons le boîtier sur Émetteur. C'est fait. Ajoutons qu'il suffit de relier un seul des flashs à l'aide des transmetteurs (ou du câble à l'étape 3). En effet, le second flash peut être automatiquement déclenché par le premier par système optique. Il faut penser à régler l'interrupteur Photocell sur marche. Sachez enfin qu'il est possible de déclencher les deux flashs optiquement à l'aide d'un flash Cobra et même à l'aide du flash intégré à l'appareil. ça ne marche pas à tous les coups, car il faut que les flashs de studio voient l'éclair.

4 FIXER LES MODIFICATEURS

Il ne nous reste plus qu'à fixer la boîte à lumière sur un flash et le parapluie (ou un autre accessoire) sur l'autre flash, opération qui ne prend que quelques secondes.

5 ET MAINTENANT, NOUS SORTONS LE FLASHMÈTRE...

Sans être indispensable, cet accessoire est quand même bien pratique pour calculer la puissance de chaque éclair. On tourne la page...

RÉGLER LA PUISSANCE DE L'ÉCLAIR À L'AIDE D'UN FLASHMÈTRE

Quand on travaille en mode manuel avec des flashs de studio, cet appareil permet d'obtenir instantanément la valeur de diaphragme correcte à appliquer.

Lumière incidente

Il s'agit de la lumière qui atteint le sujet, celle qu'il reçoit, par opposition à la lumière réfléchie qui est celle qu'il renvoie. Quand on prend la mesure sur le sujet avec un flashmètre, ce dernier évalue la lumière incidente. Ceci explique pourquoi il faut placer le dôme sur le sujet et le diriger vers le boîtier.

Nous traitons ici le cas d'une configuration avec flashs de studio sans TTL. Rappelons que, sans TTL, le boîtier ne peut pas calculer l'exposition en tenant compte des flashs, il ne peut qu'évaluer la lumière ambiante. À nous de trouver l'exposition correcte manuellement : les paramètres du boîtier (vitesse, ouverture et sensibilité) et la puissance des éclairs illuminant la scène. Alors, comment faire ? Voici les deux méthodes.

MÉTHODE ENTIÈREMENT MANUELLE

- Commençons par régler le boîtier en mode manuel. Fixons la vitesse et la sensibilité en appliquant des valeurs classiques dans le cas des flashs : 1/200 s et 100 ISO.
- À ce stade, il nous manque la valeur d'ouverture. Il y a deux possibilités : soit nous la fixons arbitrairement, par exemple f:5.6, et nous réglons la puissance des flashs au pifomètre. Puis nous shootons et observons le résultat sur l'écran LCD du boîtier. La "lecture" de l'image nous indique si elle est surexposée, correcte ou sous-exposée. En conséquence, nous devons ajuster la puissance des flashs, puis reshooter, et ainsi de suite jusqu'à obtenir l'exposition recherchée. Cette méthode par tâtonnement fonctionne très bien, c'est une affaire d'expérience et d'habitude, mais elle peut gêner le modèle à cause des éclairs successifs.

UTILISER UN FLASH MÈTRE PLUS RAPIDE ET PRÉCIS

Son rôle consiste à évaluer la valeur d'ouverture (qui nous manque) en fonction de la vitesse, de la sensibilité et de la lumière au moment où nous effectuons la mesure. Voici la procédure en pratique.

1 REPORTER LES VALEURS DE VITESSE ET DE SENSIBILITÉ

Le modèle est installé et nous souhaitons l'éclairer avec un flash. Un seul pour l'instant. Nous reportons les valeurs de vitesse et de sensibilité sur le flashmètre, correspondant bien entendu à celles du boîtier (ici 1/200 s et 100 ISO).

2 PLACER LE FLASHMÈTRE À CÔTÉ DU MODÈLE

Nous plaçons le flashmètre sous le menton du modèle – idéalement, il faudrait le placer à la place du nez – et orientons le dôme blanc vers le boîtier. Sous ce dôme se cache un capteur qui va recueillir et évaluer la lumière provenant du flash et/ou de la lumière ambiante.

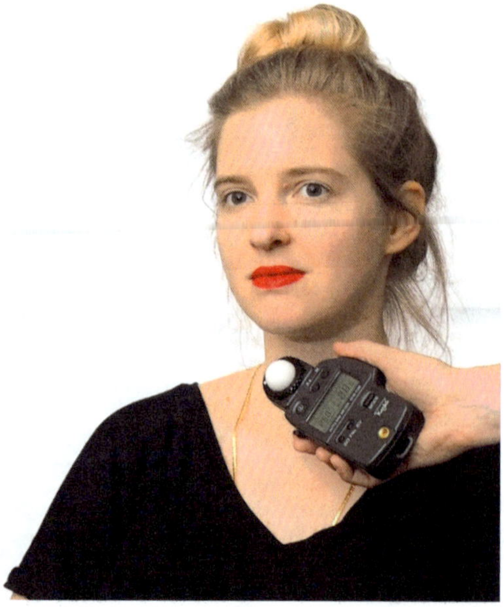

3 NOUS FAISONS LA MESURE

Dernière étape : faire la mesure. Il existe plusieurs méthodes. La plus simple consiste à régler le flashmètre en mode "Attente". Il attend de recevoir un éclair et calcule directement le résultat. Nous déclenchons l'éclair. La valeur de l'ouverture correspondant à l'exposition correcte s'affiche, par exemple f:8. Il reste à la reporter sur le boîtier et à shooter.
Mais supposons que cette ouverture ne nous convienne pas. Sur le flashmètre, nous changeons la vitesse et/ou la sensibilité. L'appareil déduit une nouvelle ouverture, plus proche ou plus éloignée. Nous pouvons également déplacer le flash ou modifier sa puissance, auquel cas il faut reprendre une nouvelle mesure au flashmètre.

DÔME TRANSLUCIDE

Cette demi-sphère capte la lumière qui est analysée par le capteur placé à l'intérieur. Le dôme peut être enlevé pour une analyse plus précise.

MARCHE / ARRÊT

Le bouton d'alimentation.

AFFICHAGE

La valeur 125 correspond ici au temps de pose défini (1/125 s), au-dessous figure la valeur ISO de 100 ISO.

BOUTON SÉLECTION ISO

Permet de fixer la valeur de la sensibilité souhaitée pour la prise de vue. Elle doit être identique à celle du boîtier.

TYPE D'AFFICHAGE

Indique la lumière incidente soit en diaphragme f:x (le plus utile en pratique), soit en valeur en IL, indice de lumination ou "stop".

MÉMORISATION

Ce bouton sert à mémoriser plusieurs valeurs d'analyse de lumière.

DÉCLENCHEMENT

Placé sur le côté à cet endroit, ce bouton sert à déclencher la mesure de lumière

AJUSTEMENT VALEURS

Placés sur le côté à cet endroit, deux boutons + et - permettent de modifier la valeur du temps de pose ou celle des ISO.

SÉLECTEUR DE MODES

Permet de sélectionner l'un des trois modes :
Ambi calcule le diaph de la lumière d'ambiance.
Cord déclenche le flash relié au flashmètre via la prise synchro PC.
Non cord attend le déclenchement du flash et affiche le résultat.

PRISE SYNCHRO PC

On y branche un câble Synchro PC ou un transmetteur radio, pour déclencher le flash.

RÉGLER LE PAS DU DIAPH ET DE LA VITESSE

■ Les flashmètres peuvent être réglés de manière à modifier le pas d'incrémentation de la vitesse et de la sensibilité. Soit par pas de 1 stop, soit 1/2 stop, soit 1/3 de stop, ce dernier étant le plus précis.

ESSAYER LE TETHERING

En reliant l'ordinateur au boîtier par câble USB, on peut contrôler en direct les prises de vue.

"To tether" signifie "attacher". C'est bien de cela qu'il s'agit, en reliant le boîtier photo à un ordinateur via un câble mini-USB-USB. Au préalable, il faut avoir installé le pilote de l'appareil et un logiciel du fabricant fourni ou à télécharger sur son site. Reste à activer le logiciel. Après chaque déclenchement, les photos sont automatiquement transférées vers l'ordi et s'affichent sur son écran, avec leurs informations d'exposition et histogramme. Voilà le cas idéal, car tous les boîtiers n'offrent pas cette possibilité… L'intérêt du tethering est évident : nous bénéficions d'un écran plus grand que celui du boîtier, et nous pouvons effectuer des corrections à la volée – bien que nous préférions traiter les images après une séance photo, au calme. Ci-contre, le tethering en action : le boîtier est connecté à l'ordi par câble USB et c'est Lightroom qui sert de logiciel pour récupérer et traiter les images reçues en direct.

UTILISER UNE TABLETTE VIA LA LIAISON WI-FI

Autre possibilité en vogue avec les boîtiers dotés du Wi-Fi : profiter de cette liaison sans fil pour transférer les photos sur une tablette à la volée. Les fabricants d'appareils proposent des applis gratuites à installer sur tablette (pour iOS ou Androïd). Ceci fait, il faut activer la fonction Wi-Fi en fouillant dans les menus du boîtier. Les deux appareils communiquent entre eux, se connectent mutuellement et quand la liaison est établie, on peut piloter le boîtier depuis l'interface de l'appli. Par exemple, modifier l'ouverture, la vitesse et la sensibilité et déclencher à distance. Comme pour le tethering par USB, on profite d'un écran plus grand que celui du boîtier. L'avantage du Wi-Fi, par rapport à l'USB, est de ne pas être gêné par le câble USB, jamais assez long dans ce genre de situation. Et nous avons constaté que les rallonges USB ne garantissent pas une liaison fiable ! L'inconvénient du Wi-Fi : il est particulièrement énergivore.

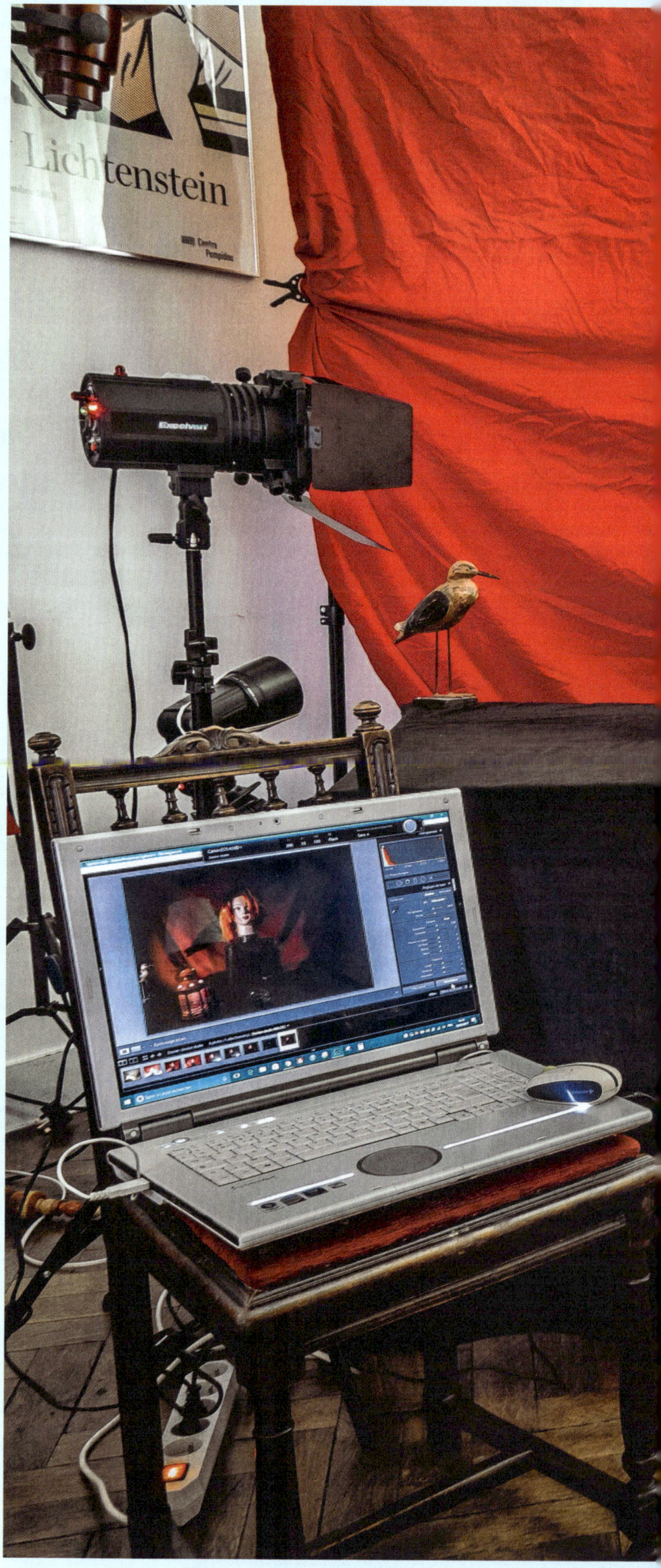

CAPTURE EN MODE CONNECTÉ DE LIGHTROOM

Les boîtiers Canon, Nikon et quelques Leica peuvent être pilotés par Lightroom, via la fonction Capture en Mode connecté. Les prises de vue (en RAW) apparaissent, au fur et à mesure des déclenchements, en vignette dans le bandeau inférieur, avec possibilité de les traiter immédiatement.

À DÉCOUVRIR DANS CES PAGES

UNE SÉANCE STUDIO COMPLÈTE

Quasiment toutes les techniques vues dans les précédents chapitres sont employées dans cette séance de studio complète avec mise en scène. Quatre flashs, dont deux de studio pour le modèle, un Cobra pour la lampe posée sur la table et un autre Cobra pour le fond, assurent l'éclairage. Tous sont réglés en mode manuel et pilotés à distance par le boîtier également en mode manuel. Nous abordons à la fin la technique du lightpainting, qui permet de réaliser des effets de lumière sympas en mêlant flash et lumière continue en pose longue.

PRÉPARER LA SÉANCE PHOTO AVANT L'ARRIVÉE DU MODÈLE

Assurer les chances de réussir le shooting, c'est vérifier le matériel et tout préparer à l'avance jusqu'à placer les éclairages et faire des essais avec un mannequin.

Sortir du lit un quart d'heure avant que le modèle n'arrive n'est sans doute le meilleur moyen d'être prêt. Scénario catastrophe : vos boîtiers photo ne tiendront pas la route parce que leurs batteries n'ont pas été chargées. Où est le fond de studio gris ? Ah oui, vous l'avez oublié chez Philippe. Et pour les flashs Cobra, vous n'avez pas de piles neuves à portée de main, ça va être très juste. De plus, vous n'avez pas vraiment réfléchi à ce que vous souhaitez faire. Bref, c'est mal parti !

Fond musical

De la musique en fond sonore crée une ambiance sympa, avant et pendant le shooting. Pas trop fort quand même. Demandez au modèle ce qu'il aime.

1 VÉRIFIER LE MATÉRIEL

Quelques heures avant, nous vérifions la charge des accus des boîtiers photo, l'état des cartes mémoires et procédons au nettoyage des objectifs utilisés. Nous vérifions aussi que nous disposons de piles neuves pour les flashs Cobra.

2 PRÉPARER LES SHOOTINGS

Mieux vaut établir la liste des prises de vue en faisant des croquis des placements du sujet, des accessoires et des éclairages.

3 INSTALLER LES ACCESSOIRES NÉCESSAIRES AU SHOOTING

Une heure avant le shooting, nous installons le fond de studio, les accessoires (table, chaise, objets), les éclairages (flashs de studio et/ou Cobra) et branchons le tout. Surtout, n'installer que le nécessaire, mais en gardant d'éventuels matériels à portée.

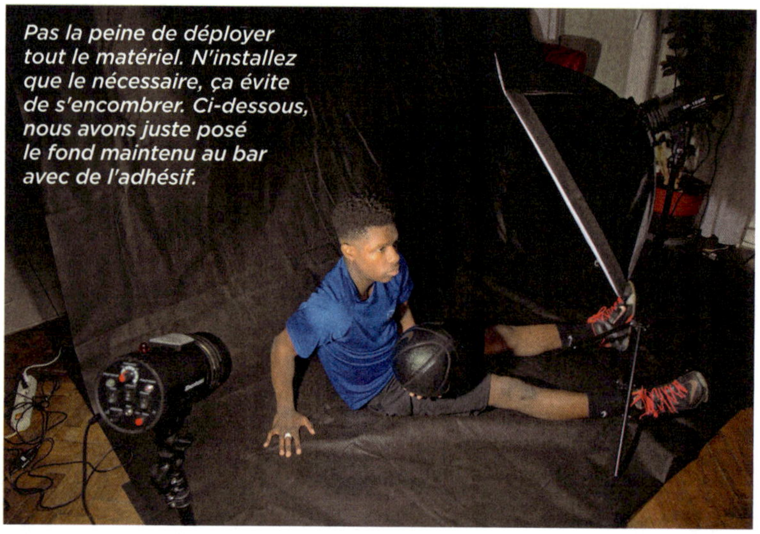

Pas la peine de déployer tout le matériel. N'installez que le nécessaire, ça évite de s'encombrer. Ci-dessous, nous avons juste posé le fond maintenu au bar avec de l'adhésif.

4 FAIRE DES ESSAIS DE LUMIÈRE

Pour s'échauffer et gagner du temps quand le modèle sera arrivé, nous shootons avec les éclairages en utilisant un mannequin (Zoé, ci-dessus). Il faudra faire des ajustements de placement et d'éclairage avec le vrai modèle, mais ils seront minimes.

5 S'ASSURER QU'IL Y A DU CAFÉ

Quand le modèle découvrira que tout est prêt, il sera rassuré et mis en confiance. Proposez-lui du café (ou autre chose) puis, après les échanges de courtoisie, expliquez-lui le déroulement de la séance.

■ Avant un shooting, autant que possible nous faisons des essais de lumière et prenons quelques clichés avec Zoé, notre mannequin acheté 5 euros dans une boutique de vêtements + 10 euros de perruque. Ça met dans l'ambiance et fait gagner du temps. Quand le modèle prend place, nous sommes prêts à shooter.

UNE BONNE AMBIANCE INSTALLE UN CLIMAT DE CONFIANCE

■ Un shooting n'est pas une corvée, mais un travail sérieux qui doit se faire dans la décontraction et la bonne humeur. C'est évident, en tant que photographe, vous devez créer les conditions d'une complicité avec le modèle. Pendant que vous shootez et déplacez le matériel, parlez-lui de tout, de rien, tout en le dirigeant. Il est là pour vous, rien que pour vous. Montrez-lui régulièrement les prises de vue sur l'écran du boîtier. S'il y a des soucis de lumière ou de pose, ne tenez pas des propos négatifs mais, au contraire, encourageants. S'il a le fou rire, tant mieux !

OÙ PLACER LES ÉCLAIRAGES AUTOUR DU MODÈLE ?

L'éclairage est le nerf de la guerre en photo de studio. Après avoir vu les types de lumière, voici un focus sur la façon de positionner les flashs et leurs modificateurs.

Une girafe, s'il vous plaît !

La girafe est un pied photo avec une perche transversale. Très pratique pour placer un spot en hauteur au-dessus du modèle. Sans elle, c'est compliqué, à moins d'avoir un assistant musclé comme celui de la photo ci-dessus, à gauche en jaune.

Avant la vraie séance de shooting (voir pages suivantes), nous avons réalisé quelques prises de vue en compagnie de Kiara, pour présenter des éclairages classiques, qui complètent ceux vus aux chapitres 5 et 6.

1 ÉCLAIRAGE PRINCIPAL

Nous commençons presque toujours par définir l'éclairage principal en nous posant deux questions : lumière douce ou dure ? Comment rendre les hautes lumières, c'est-à-dire les parties claires ? Il s'agit de choisir un type de modificateur et de le placer à la bonne distance du sujet, selon un angle précis.

2 FOND

Ensuite, au tour du fond. Doit-il être clair, sombre, neutre, coloré ? Faut-il montrer la texture. Nous avons vu comment éclairer le fond au chapitre 6.

3 AUTRES ÉCLAIRAGES

À moins de fixer un flash juste en face du sujet, dans l'axe de l'objectif - ce qui engendre très peu d'ombres - nous devons gérer ces dernières qui apparaissent à l'opposé de l'éclairage principal. Nous devons aussi prévoir d'autres éclairages par exemple destinés à illuminer les cheveux.

4 OBJETS ÉVENTUELS

Si la scène contient des objets (bijoux, lunettes ou autres), nous devons les éclairer. Ce n'est pas si simple, nous y consacrons d'ailleurs un chapitre.

5 NE PAS ALLER TROP VITE

Une fois les éclairages en place, ne pas hésiter à faire des essais et à observer attentivement les résultats pour détecter les anomalies. Un peu comme quand on corrige un texte : il y a le fond et la forme.

ÉCLAIRAGE PRINCIPAL

■ Contrairement à ce que laisse supposer la grande photo de la page de gauche, nous n'avons pas utilisé de boîte à lumière pour l'éclairage principal, mais un spot de la taille d'une petite assiette avec un nid-d'abeilles. Nous cherchons à obtenir une lumière dirigée vers le visage de Kiara. Remarquez que son épaule droite n'est pas éclairée. De même, le fond est éclairé par un autre flash posé sous la table. Placé de côté, le spot n'illumine qu'un côté du visage. On parle d'éclairage "Split" (séparer). En reculant un peu le spot vers nous, nous obtiendrions un effet "Rembrandt", qui se caractérise par un éclairage latéral créant un triangle de lumière sur la joue située dans l'ombre. Enfin, le fond est éclairé par un autre flash posé sous la table.

ÉCLAIRAGE CHEVELURE

■ Les deux seules façons d'éclairer des cheveux consistent à loger une lumière dans le crâne du modèle (ce que nous ne ferons jamais !) ou à diriger un spot placé de côté un peu en arrière, vers la chevelure. C'est ce que nous avons fait ici. Au passage, nous en avons profité pour éclairer aussi l'épaule gauche de kiara. Nous avons utilisé un flash de studio nu juste équipé d'un coupe-flux de manière que sa lumière n'atteigne pas le fond assez proche de Kiara. Pour cette photo, nous avons éteint le spot principal et juste conservé cet éclairage.

RÉFLECTEUR ARGENTÉ

■ Les trois sources sont allumées : la principale et celles pour le fond et les cheveux. Mais les ombres sont trop prononcées, l'ensemble paraît déséquilibré. Nous pourrions reculer le spot principal de façon à réduire les ombres, mais il faudrait l'échanger contre une boîte à lumière afin d'envelopper le visage. Problème : nous éclairerions aussi le fond, lequel est déjà éclairé par une source dédiée. Trop compliqué ! La solution consiste à placer un réflecteur (cinq-en-un partie argentée) devant le visage de Kiara. Il apporte juste ce qu'il faut de reflet pour estomper les ombres. Observez la pupille droite de Kiara. Elle présente deux points blancs. Celui du bas est le reflet du réflecteur que nous tenions de biais juste devant elle.

FINITION AVEC LIGHTROOM CC

■ Bien que la post-production ne soit pas le sujet de ce guide photo, nous vous invitons à traiter les photos avec Lightroom ou un autre logiciel. Par exemple, ce cliché s'y prête bien. Il est correct techniquement : net, sans bruit et avec une gamme de tons étendue.
À droite, l'original, ci-dessous, un traitement possible dans Lightroom. Nous avons recherché l'effet dit "Rembrandt".

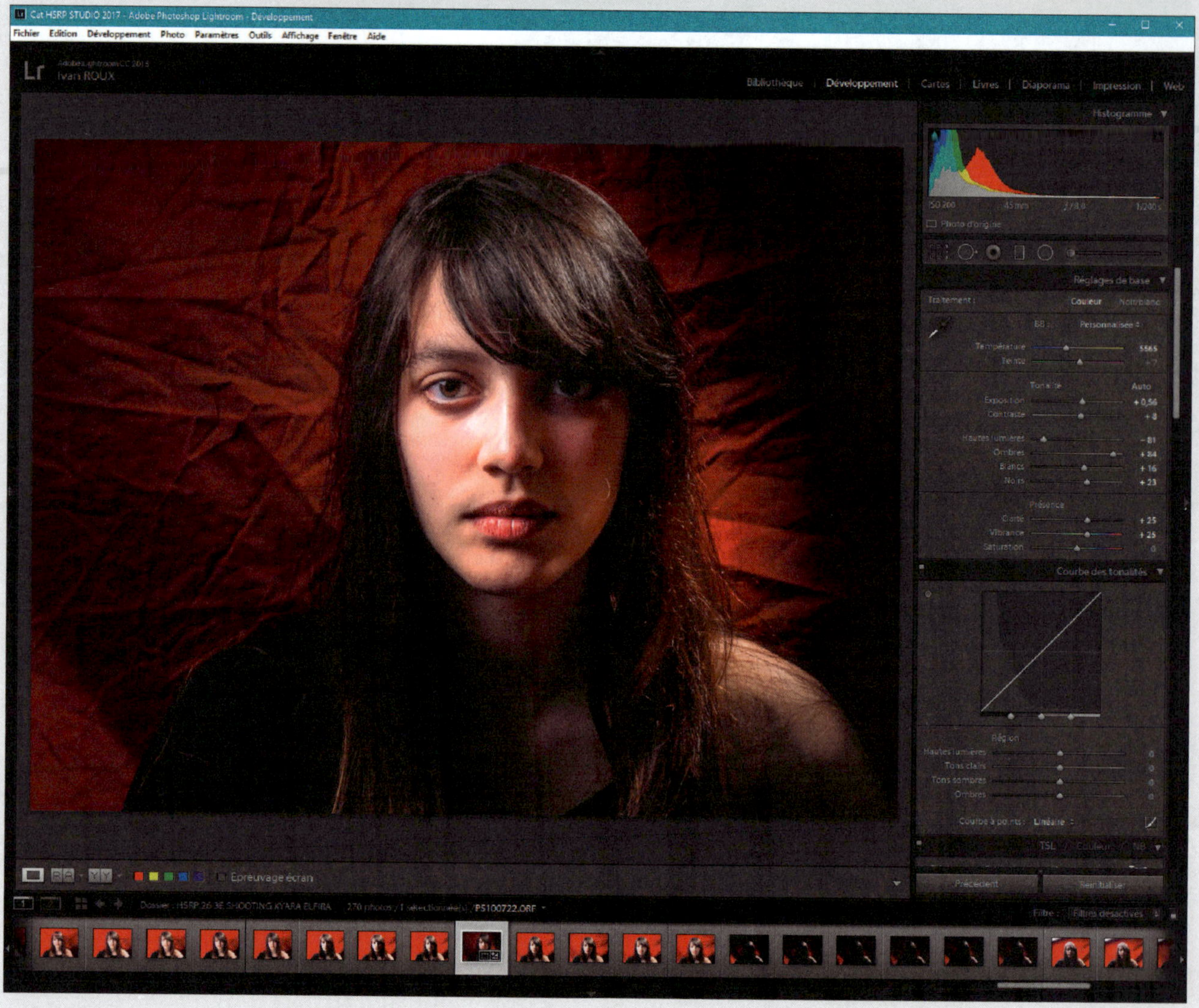

Changement d'éclairage. Nous avons délaissé le spot avec nid-d'abeilles au profit d'une boîte à lumière placée très près au-dessus du modèle. Cet éclairage "papillon", à cause de l'ombre sous le nez qui est censée rappeler un papillon, est doux du fait de la grande taille de la softbox, mais le modelé est conservé. Ci-dessous, un traitement N&B avec Lightroom.

SHOOTING QUATRE FLASHS

En suivant nos conseils, cette mise en scène n'est pas si complexe à réaliser qu'elle en donne l'impression.

Kiara et Elfira, nos deux sympathiques modèles, sont devenues diseuses de bonne aventure le temps d'une séance qui a duré deux heures. Avant leur arrivée, nous avons tout mis en place et fait quelques essais avec notre mannequin Zoé.

1 PREMIER FLASH DE STUDIO

Nous avons installé un premier flash de studio devant et sur le côté, coiffé d'un spot porte de grange de manière à diriger la lumière uniquement vers le visage.

2 PREMIER FLASH COBRA

Puis, nous avons posé un flash Cobra, plus à gauche et plus bas que le premier, afin de créer la silhouette de l'oiseau sur le fond. Pour cela, il nous fallait une lumière dure et directe. Nous avons donc éloigné le flash le plus possible (pour réduire sa taille apparente par rapport à l'oiseau) et avons coiffé le flash d'un snoot en carton noir.

3 DEUXIÈME FLASH COBRA

Nous avons placé un autre flash Cobra à l'intérieur de la lampe-bougie placée sur la table recouverte de velours noir.

4 PREMIERS ESSAIS

À ce stade, nous avons commencé à shooter en mode manuel (boîtier et flashs). Ci-dessous, voici un cliché où l'on observe que la chevelure n'est pas éclairée et, plus globalement, que la partie droite du cadre paraît trop sombre et bien vide. Le visage est trop éclairé. L'ombre de l'oiseau est parfaite et le fond comme il faut.

MISE EN PLACE FINALE
FOND
FLASH STUDIO
OISEAU
SUJET
FLASH COBRA
FLASH COBRA
FLASH STUDIO
RÉFLECTEUR

5 AJOUT D'UN RÉFLECTEUR

Vous le savez maintenant, un moyen de récupérer les ombres consiste à placer un réflecteur. Ce que nous avons fait ici. Il éclaire juste assez pour les déboucher.

6 AJOUT DU DEUXIÈME FLASH DE STUDIO EN CONTRE-JOUR

Restait à illuminer la chevelure, histoire de donner du relief au modèle. Nous avons placé notre deuxième flash de studio à droite du modèle, en hauteur et en arrière. Mais il avait tendance à éclairer le fond, en plus de la chevelure et de l'épaule. Aussi, nous l'avons coiffé d'un bandeau de velours en guise de snoot. C'est gagné. Voici le résultat final.

TOUT EN MANUEL !

■ Dans ce style de mise en scène, où l'on cherche à créer une ambiance particulière, les automatismes ne conviennent pas. Supposons que nous ayons réglé les flashs en mode TTL, nous n'obtiendrions pas l'effet souhaité parce que cet automatisme chercherait à éclairer davantage la scène pour l'exposer correctement". Or, nous voulons une ambiance sombre " à la bougie". Pour la même raison, il n'est pas nécessaire de s'aider du flashmètre. La valeur de diaphragme qu'il fournirait serait cohérente pour lui, mais pas du tout adaptée à notre cas. Le plus simple est donc de tout faire à la main, en commençant par régler la puissance des éclairs à la moitié du maximum, puis de contrôler sur l'écran du boîtier et de modifier la puissance en conséquence.

1/200 s, f:8, 200 ISO + traitement ColorEfex

ESSAYER LE LIGHTPAINTING EN PEIGNANT AVEC LA LUMIÈRE

Le studio plongé dans l'obscurité se prête bien à exploiter la technique du lightpainting qui consiste à régler le boîtier en pose longue et à dessiner dans l'air avec des éclairages.

Un coup de flash permettant d'éclairer et de figer le modèle.

Tout le monde a joué à ça. Éteindre la lumière et tracer des tourbillons rapides dans l'air en tenant une lampe de poche. Des traînées apparaissent quand le mouvement est assez rapide. C'est du lightpainting : afin d'immortaliser les formes dessinées, il suffit de poser un boîtier sur trépied, de le régler sur un minimum de 2 secondes et de shooter. Le souci : avec des temps de pose longs, impossible de photographier un modèle sans qu'il bouge. Et s'il bouge, il devient flou.

AJOUT DU DEUXIÈME FLASH DE STUDIO EN CONTRE-JOUR

Mais il existe une parade que nous avons déjà vue au chapitre 3 : nous laissons le modèle fabriquer des arabesques dans le noir, puis nous envoyons un éclair de flash à la fin de l'exposition. Résultat : le boîtier capte la lumière provenant de la lampe de poche – ça marche très bien avec la torche d'un téléphone mobile ! –, ensuite il fige le sujet grâce au coup de flash. C'est ce que nous avons fait sur les photos ci-dessous. En revanche, pour la photo de droite, nous n'avons utilisé que la torche. L'assistante a dessiné le bonnet d'âne au-dessus de la fillette et elle l'a également éclairée. Oui, il y a un léger flou de bougé, mais il reste acceptable.

ÉCLAIR DU FLASH AU PREMIER OU AU DEUXIÈME RIDEAU

■ Nous parlons beaucoup du flash dans ce guide, sans avoir évoqué un réglage du boîtier : "Déclenchement au second rideau". C'est justement le bon endroit pour l'expliquer. Ce réglage ne présente aucun intérêt dans le cas d'une scène fixe où rien de bouge. En effet, que le flash se déclenche au début ou à la fin de l'exposition ne change rien au résultat final. En revanche, le choix du rideau dans une scène en mouvement va modifier le cliché. Le principe : au déclenchement, le boîtier active l'obturateur durant le temps de pose. L'obturateur se compose de deux éléments appelés "rideaux" qui se déplacent verticalement. Le premier rideau descend pour laisser passer la lumière à travers l'objectif. Puis le second rideau s'active (il descend aussi), afin de couper la lumière à la fin de l'exposition. Ce système agit en sorte que la durée d'exposition soit la même pour chaque partie de la scène balayée de haut en bas. Maintenant, introduisons le flash. Si son éclair part au début de l'exposition, sa brièveté fige l'image, mais l'exposition continue après l'éclair. Dans le cas du lightpainting, on peut dessiner entre le boîtier et le modèle. Le dessin apparaîtra. Si l'éclair part à la fin de l'exposition, le modèle sera illuminé en dernier et le dessin ne se verra pas ou peu.

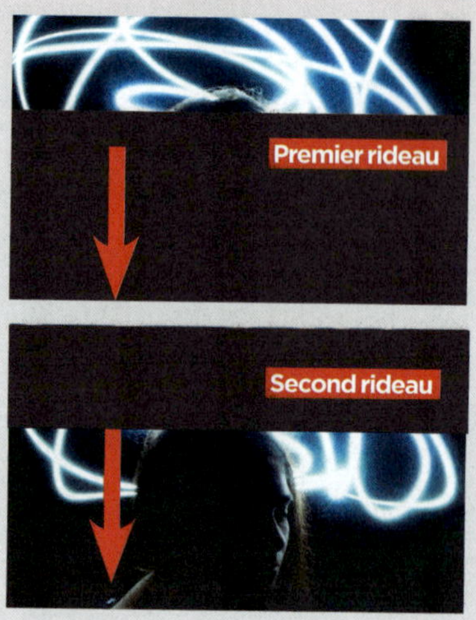

2 s, f:16, 100 ISO + traitement Photoshop

À DÉCOUVRIR DANS CES PAGES

PHOTOGRAPHIER LES OBJETS EN STUDIO

Le portrait, la mode et la nature morte sont les genres majeurs de la photo en studio. Nous consacrons ce dernier chapitre à cette dernière en mettant l'accent sur la difficulté à gérer le problème des reflets en particulier sur les matériaux et objets en verre. Un petit détour théorique pour comprendre la notion de famille d'angles permet d'appréhender le phénomène de réflexion et de mettre rapidement en place le schéma d'éclairage adapté. Et place aux images dont certaines réalisées dans une tente lumineuse, accessoire bien pratique.

Les phénomènes de réflexion, transmission et absorption s'observent dans la nature.

COMMENT LES OBJETS RÉAGISSENT À LA LUMIÈRE QU'ILS REÇOIVENT

Selon les matériaux qui composent un objet, la lumière va les traverser, se diffuser, être réfléchie plus ou moins. Exemples et conséquences en photographie.

Un visage n'est pas un objet, sauf que la lumière et l'appareil photo ne le savent pas. Ce sera notre point de départ pour aborder la question de la matière et de son comportement lorsqu'elle est soumise à une source lumineuse. Les deux petites taches blanches sur les iris de l'œil proviennent du spot à gauche du modèle. Nous voyons leurs reflets directs. Ils apparaissent aussi sur le nez, mais atténués. Le reste du visage est éclairé de manière beaucoup plus diffuse. Pourtant, l'éclairage est identique en intensité et en orientation.

SOUVENT PLUS DIFFICILE QUE LA PHOTO DE PORTRAIT

Nous pourrions remplacer les yeux par des billes de verre, la peau par une texture de pêche – ne dit-on pas "une peau de pêche" ? – et l'arête du nez par une peau un peu plus brillante. Chacun de ces éléments, de par sa nature, réagit différemment à l'éclairement. En photo d'objets, ou de nature morte si vous préférez, à cause de la position des reflets nous allons devoir constamment arbitrer entre tel ou tel placement des sources lumineuses, souvent avec beaucoup plus de précision que dans le cas d'un portrait.
Sans hésitation, la photo soignée et créative d'objets requiert une bonne connaissance de leurs matières, plus de pratique, de technique et souvent d'astuces.

LA MATIÈRE RÉFLÉCHIT...

En optique, "réfléchir" signifie renvoyer la lumière. On pense immédiatement au miroir qui réfléchit la source lumineuse en quasi totalité, au verre, à l'eau et aux liquides en général. C'est aussi le cas des matériaux brillants tels que les métaux et certains plastiques. Ce type de réflexion est dit "spéculaire" (miroir) : l'intensité lumineuse du reflet est équivalente à celle de la source. Nous en voyons des exemples sur le verre de la loupe ci-contre. Le reflet est allongé car il provient d'un voilage de fenêtre. L'autre type de réflexion, la plus fréquente, est "diffuse". Concrètement, elle caractérise les reflets d'une feuille de papier ou d'une surface légèrement rugueuse. Contrairement aux reflets spéculaires qui forment des points concentrés, les reflets diffus sont étalés. Ci-contre le fond et la feuille de papier paraissent uniformément éclairés, il n'y a pas de parties brillantes. De plus, si l'on observe ces surfaces depuis un autre point de vue, elles paraissent toujours aussi uniformes. Alors que si on bouge d'un poil la loupe, les reflets spéculaires changent de place ou disparaissent. Conséquence : les reflets sont les plus difficiles à maîtriser en studio.

ELLE ABSORBE...

Avez-vous déjà essayé de photographier un gant en velours noir ? Difficile d'en obtenir autre chose qu'une forme noire, parce que cette matière et sa couleur absorbent presque totalement la lumière. Les photons pénètrent dedans sans en ressortir. C'est ce type de matériau que le photographe utilise pour les fonds de studio quand il cherche à minimiser les reflets d'arrière-plan.

ELLE TRANSMET...

Si le verre ne transmettait pas la lumière, les lunettes n'existeraient pas et les myopes resteraient dans le brouillard. Nous retrouvons ici les liquides, le verre et les matériaux translucides. Ces derniers, par exemple le papier-calque et les tissus (notamment les voilages), transmettent la lumière par diffusion : elle passe à travers le matériau puis se répartit en tous sens. Nous retrouvons les modificateurs tels que la boîte à lumière et le parapluie blanc diffuseur. Pour terminer ce tour d'horizon, disons aussi que la plupart des matériaux réagissent de plusieurs manières à la lumière qu'ils reçoivent : le verre est à la fois un matériau qui réfléchit et qui transmet, le cuir et le bois absorbent, diffusent et réfléchissent dans des proportions variables.

Le verre de la loupe réfléchit et transmet la lumière, le papier et le fond diffusent et absorbent, le cuir réfléchit, diffuse et absorbe.

Les plastiques de cet appareil réfléchissent et diffusent différemment la lumière. Un vrai casse-tête pour le photographe.

LA COULEUR DES OBJETS

■ La couleur d'un matériau dépend de celle de la lumière qui l'illumine. Pas de lumière, pas de couleur : les objets entassés dans une cave obscure ne se voient pas. Ensuite, la couleur "propre" d'un matériau correspond à son éclairement par une lumière blanche, celle du soleil ou d'un flash. Si le matériau absorbe toutes les couleurs, il apparaît noir, même s'il est éclairé. Et si l'objet est éclairé par une source colorée (via un filtre, par exemple), il prend une couleur "apparente" qui n'est autre que celle du filtre. Un résultat que l'on observe très facilement avec des lunettes de ski jaunes. Nous en avons vu des exemples quand nous avons éclairé un fond blanc avec des spots de couleur.

ÉVITER LES REFLETS EN CALCULANT LES FAMILLES D'ANGLES

Pour contrôler très précisément l'aspect d'un objet sur une photo, nous devons faire appel à un petit calcul géométrique, pas compliqué et très utile à connaître.

Plutôt une longue focale

Photographier un objet avec une longue focale ne permet pas seulement de limiter les distorsions géométriques (qui seraient donc plus importantes avec un grand-angle), mais aussi de réduire la largeur de la famille d'angles, notion que nous exposons ci-contre.

Peu importe la lumière

Qu'il s'agisse d'un spot de lumière continue, du soleil ou d'un flash, la famille d'angles sera la même pour une configuration donnée. Seules comptent la forme du sujet, la distance sujet-appareil et la focale utilisée.

Le visiteur d'un musée tombe bouche bée devant une toile de Maître. Il sort son boîtier, vise le tableau et déclenche en s'aidant du flash intégré. À coup sûr, le résultat est prévisible : l'œuvre est immortalisée avec une horrible tache blanchâtre brillante en plein centre de la photo. Notre visiteur aurait mieux fait d'acheter la reproduction en carte postale, à la boutique, passage obligé qui conclut la promenade. Car la reproduction a été réalisée selon les règles de l'art photographique par un professionnel qui a eu toute latitude pour éclairer correctement l'œuvre, sans taches ni autres reflets.

ALORS, D'OÙ VIENT LE PROBLÈME ?

La présence de la tache, au centre, provient évidemment du flash intégré qui a envoyé son éclair droit devant, dans l'axe de l'objectif. Conséquence : la surface du tableau (peinture à l'huile) a réfléchi une partie de l'éclair directement vers l'appareil. Intuitivement, nous savons comment éviter l'apparition de cette tache lumineuse : il faut placer la source de lumière sur le côté par rapport au tableau. Il existe une méthode moins empirique, qui va nous permettre de savoir précisément où positionner le ou les éclairages, de manière à éviter les reflets intempestifs : il s'agit de déterminer la "famille d'angles" entre l'appareil photo et l'objet.

SOLUTION : DÉTERMINER LA FAMILLE D'ANGLES

Reprenons l'exemple du tableau. Pour simplifier, considérons que sa surface est lisse et brillante. Sur le schéma ci-dessous, les rayons jaunes, qui partent du tableau, atteignent le capteur de l'appareil. Les lignes oranges leur sont symétriques. Elles prolongent virtuellement les rayons jaunes (selon la loi optique de la réflexion de Descartes). Les trajectoires sont celles des boules de billard qui rebondissent sur les bandes. La surface gris clair délimite la famille d'angles. Autrement dit, partout où l'on place une source lumineuse (A) à l'intérieur de la famille d'angles, le capteur verra son reflet sur le tableau. Si la source (B) est hors de la famille d'angle, le capteur ne verra pas de reflet. Ceci confirme l'intuition qui consiste à placer les éclairages sur les côtés d'un objet à photographier. Un tableau ou n'importe quel objet en volume : dans ce cas, la famille angles est plus complexe à déterminer, mais le principe reste le même.

FAMILLE D'ANGLES DU TABLEAU PLACÉ DEVANT L'APPAREIL

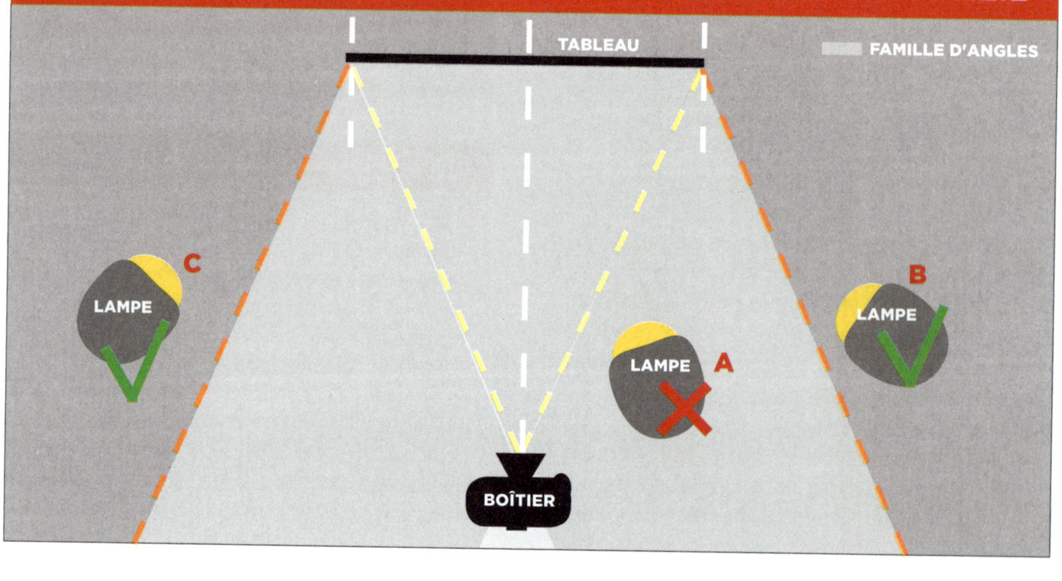

FAMILLE D'ANGLES D'UN OBJET POSÉ DE TRAVERS

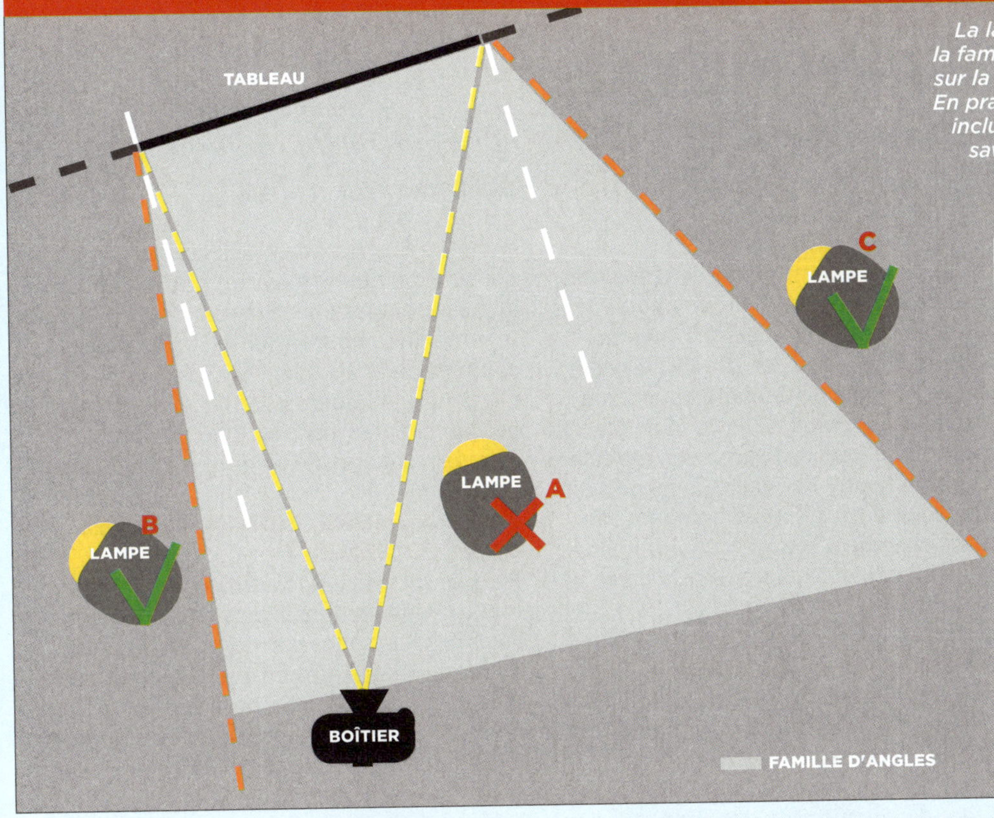

La lampe A située à l'intérieur de la famille d'angles produit un reflet sur la photo, pas les lampes B et C. En pratique, on peut tout de même inclure des reflets, au moins nous savons quelle lampe les génère.

■ En séance photo, comment trouver précisément la famille d'angles ? Au jugé, mais les puristes peuvent utiliser un mini-laser et un petit miroir. Le laser, placé à la place du boîtier, pointe tour à tour les extrémités de l'objet. Le miroir est placé à la main très prêt de l'objet. Avec une feuille de papier, on cherche le faisceau réfléchi du rayon laser. On a bien dit pour les "puristes".

FAMILLE D'ANGLES D'UNE SPHÈRE

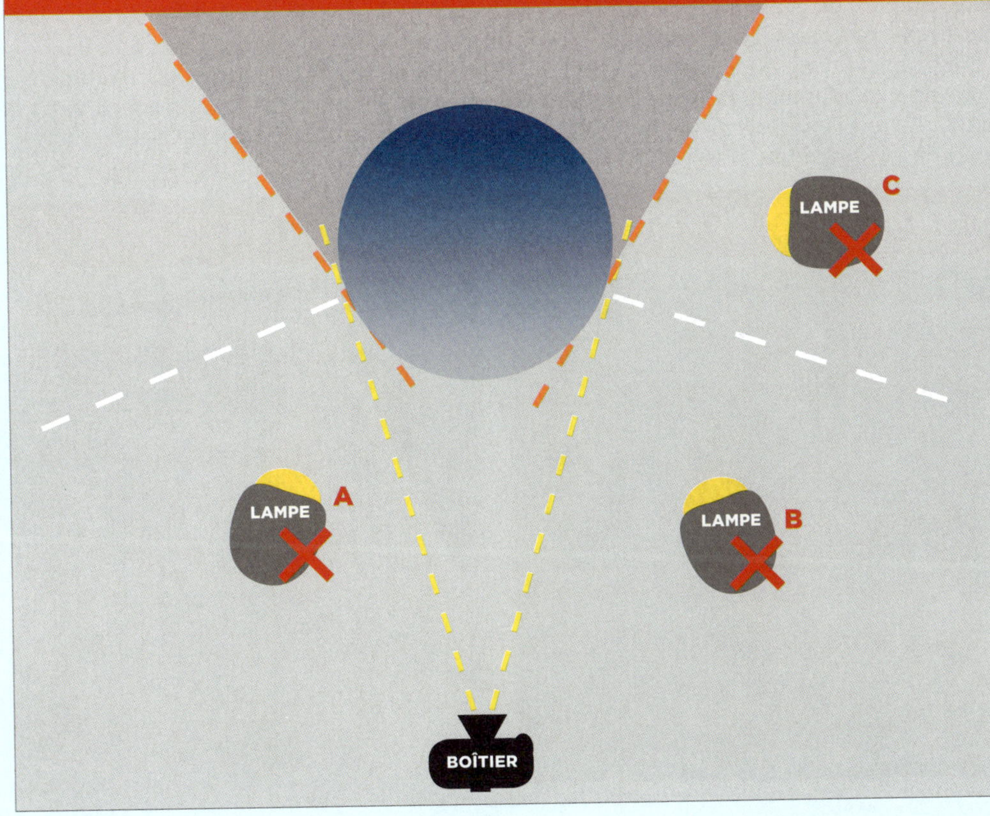

■ En traçant la famille d'angles d'une sphère, nous redécouvrons une évidence : qu'importe où sont placées les sources de lumière, elles créent toujours des reflets. Car ici la famille d'angle occupe un espace énorme, y compris devant le boîtier. Nous verrons comment limiter les dégâts.

MAÎTRISER LES REFLETS D'OBJETS EN VERRE ET EN MÉTAL

La connaissance des familles d'angles vues précédemment va aider à placer judicieusement les sources lumineuses, afin de créer de beaux reflets et supprimer les autres.

Ce n'est qu'un exemple

Le schéma que nous donnons ici n'est qu'un exemple parmi d'autres. Celui-ci a le mérite d'être facile à retenir. Rien n'interdit d'en chercher d'autres selon la composition et d'utiliser d'autres modificateurs qu'une boîte à lumière et un réflecteur.

Le plus long n'est pas de trouver les paramètres d'exposition, ils tournent souvent autour des mêmes valeurs : vitesse rapide à la limite de la synchro-X, petite ouverture (donc grande valeur de f) et 100 ISO. Doser la puissance du flash ne demande que deux ou trois essais. En revanche, la mise en place, jusqu'à obtention d'un cadre correct, mobilise un bon quart d'heure. Et encore, ici, il ne s'agit que d'une composition simple pour laquelle nous avons cherché à souligner les contours du verre et un peu son volume, idem en ce qui concerne la cuillère.

PLACEMENT DES ÉCLAIRAGES

La famille d'angles de cette composition est proche de celle d'un cylindre ou d'une sphère (voir page précédente). De ce fait, nous savons immédiatement où placer les sources d'éclairage : de chaque côté et tournées vers le verre. En utilisant deux grands modificateurs (une boîte à lumière et un réflecteur) proches du sujet, nous créons à la fois une lumière douce et suffisamment étalée tout le long du verre et de la cuillère. Cette lumière vient illuminer les zones à la jonction du verre à l'intérieur de la famille d'angles. Reste à orienter la cuillère et à placer exactement le verre là où les reflets apparaissent les plus flatteurs depuis le boîtier (contrôle attentif dans le viseur) et nous sommes prêts à déclencher. C'est fait !
On peut remarquer que le reflet à gauche ne descend pas jusqu'au fond du verre, mais le résultat reste plaisant, harmonieux.

FOND SOMBRE, LIGNES CLAIRES ET INVERSEMENT

Pour ce shooting, nous avons opté pour le rendu "Fond sombre, lignes claires". C'est l'une des méthodes permettant d'atteindre un rendu soigné, propre, mettant le verre en valeur. Une autre méthode, " Fond clair, lignes noires", fonctionne à l'inverse : les contours du verre deviennent sombres et se démarquent du fond clair. Voici le schéma. Le fond est éclairé par la source de lumière. Pour cela, le plus simple est d'utiliser un diffuseur blanc éclairé par l'arrière, ça évite de placer un flash au-dessous du verre.
Il reste à placer des cartons noirs des deux côtés du fond (comme les rideaux d'une scène de théâtre) et à régler le tout en effectuant un contrôle minutieux dans le viseur.

MISE EN PLACE DES SOURCES ET DES MODIFICATEURS

Boîte à lumière à gauche et réflecteur à droite.

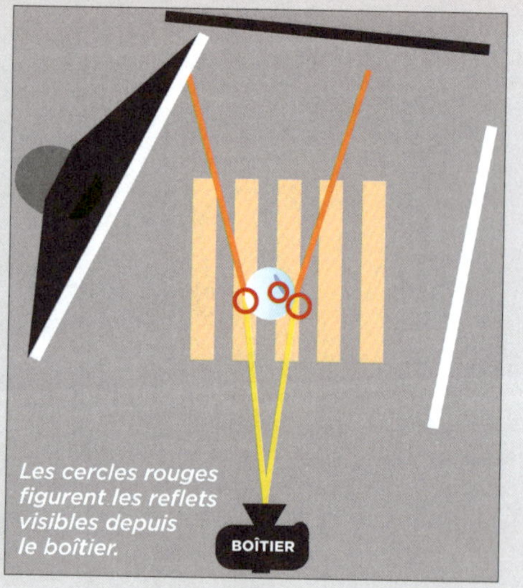

Les cercles rouges figurent les reflets visibles depuis le boîtier.

1/320 s, f:11, 100 ISO

RÉUTILISER LA MISE EN PLACE

Autant profiter de la mise en place pour shooter d'autres objets. Nous remarquons qu'elle convient dans le cas de sujets similaires par leurs volumes. Ici, les reflets apparaissent plus estompés bien que les réglages d'exposition (à un 1/3 de stop près) et la puissance du flash soient identiques. Cela montre que le type de matériau compte.

1/320 s, f:10, 100 ISO

CHANGEMENT D'ÉCLAIRAGE

Avec une composition plus grande, le réflecteur ne suffit pas à déboucher toutes les ombres... Ouvrons le parapluie.

Le shooting continue, cette fois avec une composition d'objets plus touffue et plus grande. En observant les premiers clichés, nous nous sommes aperçus que les ombres des éléments situés à gauche étaient trop marquées. Nous avons le choix entre deux possibilités : soit avancer la boîte à lumière vers le boîtier et l'orienter vers l'ensemble de la composition, soit remplacer le réflecteur (à droite) par un deuxième flash. Après avoir placé le parapluie translucide devant le flash, nous avons opté pour la seconde solution. Le réflecteur a été reculé mais il contribue très peu.

PEAUFINER LA COMPOSITION

Il y a mille façons de positionner les éléments, en voici une parmi d'autres où nous avons cherché à équilibrer les objets en verre et en métal dans l'espace. Puis, après avoir placé les fruits et légumes, nous avons constaté qu'ils ne ressortaient pas suffisamment, ils étaient un peu ternes. Nous avons vaporisé de l'eau en fines gouttelettes, afin de créer des reflets directs, astuce qui fonctionne à merveille.

Enfin, un conseil : à ce stade, n'hésitez pas à réaliser plusieurs prises en vous déplaçant. Compte tenu de la vitesse élevée d'obturation, il n'est pas nécessaire de poser l'appareil sur trépied. Et pensez à cadrer en portrait, c'est-à-dire verticalement.

POST-TRAITEMENT AVEC LIGHTROOM CC

Le rendu final étant un peu froid, nous avons soumis notre photo en format RAW à Lightroom pour augmenter la température de couleur, afin d'obtenir un rendu plus chaud.. Nous en avons profité pour effacer quelques petites poussières et surtout la pince qui tient le voilage à l'arrière-plan.

Les lampes-pilote des flashs de studio ont bien aidé à positionner les éclairages. Par ailleurs, ce type de composition aurait pu être réalisé en lumière continue, sauf que nous ne disposions pas des modificateurs adaptés.

1/320 s, f:11, 100 ISO + traitement Lightroom

La tente lumineuse se déplie en cinq secondes.

UTILISER LA TENTE LUMINEUSE POUR LIMITER LES REFLETS DIRECTS

Cet accessoire évite que le matériel photo du studio ne se reflète dans l'objet que nous cherchons à photographier. De plus, il permet de l'éclairer facilement.

Nettoyer à fond

La partie la plus longue du shooting est le nettoyage de l'objet. Même s'il paraît propre, il est couvert de petites poussières que l'on verra nettement sur les clichés. Mieux vaut passer du temps à les enlever en amont plutôt que les effacer une par une dans Photoshop.

Nous avons vu qu'un objet brillant reflète vers l'appareil les éléments de décor présents à l'intérieur de sa famille d'angles. C'est particulièrement le cas des objets cylindriques et sphériques tels que les bouteilles et verres. Le seul moyen de limiter ces reflets consiste à entourer l'objet d'un revêtement de teinte homogène : un tissu ou des cartons disposés autour. Mais le plus simple, c'est encore de s'équiper d'une tente lumineuse. Elle ne coûte que quelques dizaines d'euros, ne prend pas de place une fois pliée,, et son revêtement blanc, léger et translucide sert de diffuseur aux sources de lumière (continues et flashs).

ÉCLAIRAGE FACILE À INSTALLER

Ces dernières peuvent être placées à l'intérieur de la tente, mais il est préférable qu'elles soient à l'extérieur : elles ne gênent pas, n'entrent pas dans le champ et l'éclairement par diffusion à travers la paroi donne d'excellents résultats. Il existe plusieurs tailles de tentes, de 50 cm de côté à plus d'un mètre. Notre modèle mesure 80 cm, il convient bien à la plupart des shootings d'objets. Quant à la mise en place, elle consiste à placer, ou pas, des éléments de décor tels que des cartons noirs ou autres coloris qui créeront les reflets souhaités.

L'arrière-plan est illuminé par un flash derrière la tente. Entre le verre et le fond, nous avons placé un carton noir qui crée le grand reflet. Le cliché a été ensuite traité dans Photoshop. Nous avons ajusté le contour du reflet noir et redessiné le sommet du verre.

1/250 s, f:11, 200 ISO + traitement Photoshop

Le contour du verre a été obtenu en plaçant un carton noir sur le fond. Ce dernier, blanc et translucide, a été éclairé par l'arrière à l'aide d'un flash. En page de droite, nous avons réalisé des variations de couleurs et de cadrages. Toutes les photos ont été traitées dans Photoshop. Un passage obligé pour effacer quelques reflets spéculaires avec l'outil Correcteur localisé.

CONSEILS POUR RÉALISER DES PACKSHOTS

La photo de produit bien réalisée a pour but de le rendre attrayant, de le montrer sous ses aspects flatteurs. Il faut surtout de la précision dans le placement et l'éclairage.

Les objets en verre imposent de gérer précisément leurs reflets, mais photographier des produits composés de différents matériaux, n'est pas plus aisé. Surtout lorsque des pièces métalliques réfléchissantes côtoient les éléments mats (bois, cuir et certains plastiques). Avant toute chose, prenez le temps d'observer l'objet sous tous les angles. Où sont les parties brillantes, sont-elles dignes d'intérêt ou pas ? Si oui, comment les magnifier ? Pour notre vieux Nikon argentique, nous avons cherché à obtenir un beau reflet dans l'objectif. Nous l'avons tourné selon différents angles jusqu'à trouver le meilleur reflet. Pour l'éclairer, nous avons placé un flash de chaque côté de la tente, un peu devant le Nikon.

L'objet est éclairé par deux flashs placés sur les côtés à l'extérieur de la tente. Le socle réfléchissant provient d'un écran LCD démonté.

RENDU CLAIR OU SOMBRE ?

Le choix du rendu final doit être tranché dès le départ. En optant pour un rendu clair, vous devez utiliser un fond clair ou blanc. Vous pourrez détourer l'objet à la fin, mais ne comptez pas l'incruster ensuite sur un fond sombre (dans Photoshop), car le trucage se verra et donnera une impression "sale".

Voici le cliché issu de la carte mémoire, sans retouche. Il y a beaucoup de petites poussières malgré le nettoyage.

LE MAXIMUM D'EFFETS PENDANT LE SHOOTING

Plus généralement, réalisez le maximum d'effets lors de la prise de vue, notamment le reflet de l'objet entier sur le socle. Compte tenu de la perspective de l'objet, l'effet est très difficile à rendre de façon réaliste en post-traitement. Vous aurez beau avoir dupliqué l'objet, puis utilisé la transformation par symétrie verticale (tête en bas), le raccord de perspective risque d'être visible. Alors qu'à la prise de vue, il est immédiat et forcément réaliste. Si vous y tenez vraiment, placez l'objet dans l'axe de l'objectif bien en face. Là, oui, vous pouvez créer un effet miroir "numérique" sans trop de difficulté.

NETTETÉ ET PROFONDEUR DE CHAMP

Outre une mise au point précise en choisissant la partie qui doit être parfaitement nette, nous conseillons de fermer le diaphragme à un minimum de f:8 voire davantage. Avec les flashs, vous avez suffisamment de réserve de puissance d'éclair. Concernant la sensibilité, vérifiez que le boîtier est réglé à la valeur la plus basse (50 ou 100 ISO selon les appareils). Quant au temps de pose, tout dépend – vous le savez maintenant – si vous cherchez à conserver ou pas l'ambiance autour et derrière le sujet.

NE PAS CADRER TROP SERRÉ

Même si l'objet est l'unique sujet, gardez du décor autour de lui sans cadrer trop serré. C'est une garantie de pouvoir recadrer ("croper") par la suite, sans passer un temps fou à recréer un fond plus large et haut dans Photoshop. Cela reste possible, mais au prix d'un détourage précis, une opération pénible à réaliser en post-traitement !

PENSER PRISES DE VUE HORIZONTALES ET VERTICALES

Une fois la mise en place validée, faites des prises de vue en cadrage horizontal (mode paysage) mais aussi vertical (mode portrait). Vous pourriez avoir besoin des deux.

SUR LES SITES D'ANNONCES...

Si vous souhaitez vendre un objet via un site de petites annonces (par exemple leboncoin.fr), évitez de vous lancer dans un packshot, avec une "belle" image à la clé. Au contraire, tenez-vous en à une photo du produit éclairé normalement. Une image trop travaillée donnera l'impression, aux éventuels acheteurs, que le produit n'est pas le vôtre, que vous êtes allé chercher une photo sur Google. Ils penseront que vous leur cachez quelque chose.

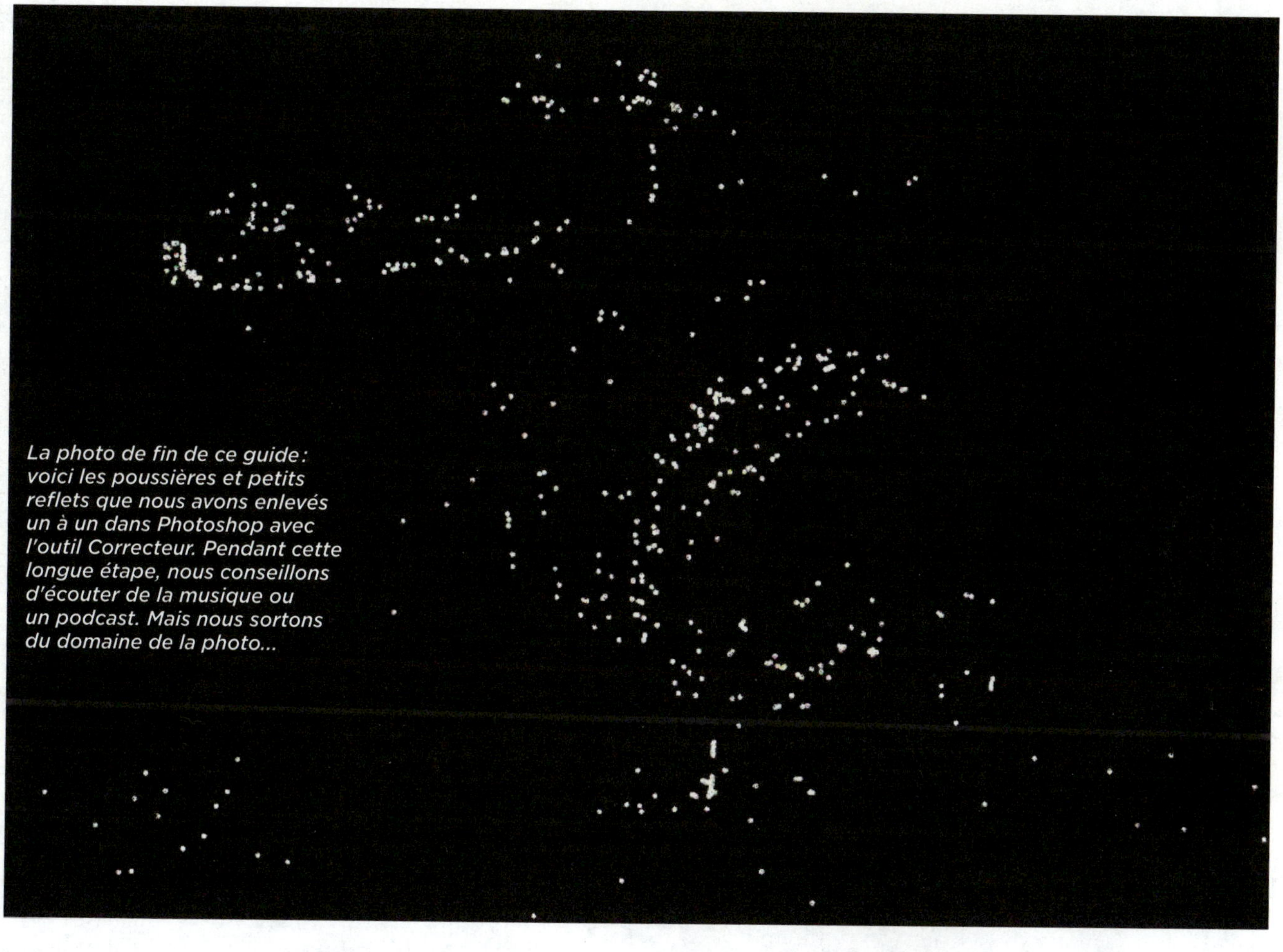

La photo de fin de ce guide : voici les poussières et petits reflets que nous avons enlevés un à un dans Photoshop avec l'outil Correcteur. Pendant cette longue étape, nous conseillons d'écouter de la musique ou un podcast. Mais nous sortons du domaine de la photo...

La mise en place et les prises de vue ont duré environ une demi-heure. Le plus long a été le post-traitement dans Lightroom (réglage des tonalités) et Photoshop où nous avons passé une heure à effacer les poussières.